高职高专"十二五"规划教材

板带材生产技术

主　编　齐淑娥

副主编　李登超

北京

冶金工业出版社

2015

内 容 提 要

本书结合现代轧钢行业的板带生产典型工艺、设备，主要讲述了热轧带钢和薄板坯连铸连轧生产的工艺、设备操作，内容贴近生产实际，力求反映国内外板带钢生产近年来的新技术和新工艺。

本书可作为高等职业技术院校相关专业教材，也可供从事塑性加工的工程技术人员参考。

图书在版编目（CIP）数据

板带材生产技术／齐淑娥主编. —北京：冶金工业出版社，2015.7

高职高专"十二五"规划教材

ISBN 978-7-5024-6985-6

Ⅰ.①板… Ⅱ.①齐… Ⅲ.①板材轧制—高等职业教育—教材 ②带材轧制—高等职业教育—教材 Ⅳ.①TG335.5

中国版本图书馆 CIP 数据核字（2015）第 159260 号

出 版 人 谭学余
地 址 北京市东城区嵩祝院北巷 39 号 邮编 100009 电话 (010)64027926
网 址 www.cnmip.com.cn 电子信箱 yjcbs@cnmip.com.cn
责任编辑 俞跃春 李鑫雨 美术编辑 吕欣童 版式设计 葛新霞
责任校对 禹 蕊 责任印制 牛晓波
ISBN 978-7-5024-6985-6
冶金工业出版社出版发行；各地新华书店经销；固安华明印业有限公司印刷
2015 年 7 月第 1 版，2015 年 7 月第 1 次印刷
787mm×1092mm 1/16；10.25 印张；242 千字；153 页
25.00 元
冶金工业出版社 投稿电话 (010)64027932 投稿信箱 tougao@cnmip.com.cn
冶金工业出版社营销中心 电话 (010)64044283 传真 (010)64027893
冶金书店 地址 北京市东四西大街 46 号(100010) 电话 (010)65289081(兼传真)
冶金工业出版社天猫旗舰店 yjgycbs.tmall.com
（本书如有印装质量问题，本社营销中心负责退换）

前　言

　　本书为适应板带钢生产技术发展和高职高专教学的需要，根据高职高专教育特点，注重学生生产实际和岗位技能的培养而编写。在编写过程中特别注意新理论、新设备的介绍，力求理论联系实际，侧重于生产设备的实际应用，注重学生职业技能和动手能力的培养，以达到学以致用的目的。

　　本书共分概述、热轧带钢生产、薄板坯连铸连轧、冷轧板带钢生产四部分内容。

　　本书是高职高专材料工种技术专业教材，也可作为专科、技校、中职相关专业学生的教学参考书，也可供生产、科研和设计部门的技术人员参考。

　　本书由四川机电职业技术学院的齐淑娥任主编，四川机电职业技术学院的李登超任副主编。书中的概述部分和项目2由四川机电职业技术学院李登超、攀钢钢研院李俊宏编写，项目1由四川机电职业技术学院齐淑娥、攀钢冷轧厂冯楷荣编写，项目3由四川机电职业技术学院齐淑娥、李登超编写。

　　在本书编写过程中，参考了多种相关图书、资料，在此谨向各位作者表示由衷的感谢。

　　由于水平所限，书中不妥之处，敬请读者批评指正。

编　者

2015 年 4 月

目　录

0　板带材生产概论

【知识目标】

（1）掌握板带钢的用途与分类。

（2）理解板带钢生产的技术要求。

（3）掌握板带钢生产的特点。

【能力目标】

（1）能识别板带钢产品。

（2）能阐述板带钢产品技术要求。

国民经济建设与发展中大量使用的金属材料中，钢铁材料占有很大比例，98%的钢铁材料是采用轧制方法生产的，轧材中30%~60%以上是板带材。板带钢产品薄而宽的断面决定了板带钢产品在生产上和应用上有其特有的优越条件。从生产上讲，板带钢生产方法简单，便于调整、便于改换规格；从产品应用上讲，钢板的表面积大，是一些包覆件（如油罐、船体、车厢等）不可缺少的原材料，钢板可冲、可弯、可切割、可焊接，使用灵活。因此，板带钢在建筑、桥梁、机车车辆、汽车、压力容器、锅炉、电器等方面得到了广泛应用。

0.1　板带钢的种类及用途

板带材根据规格、用途和钢种的不同，可划分成不同的种类。

（1）按规格可分为厚板、薄板、极薄带等，有时又把厚板细分为特厚板、厚板、中板。世界上并无统一的划分标准。按照《中国钢铁工业生产统计指标体系·指标解释》，厚度50mm以上的称为特厚板，20~50mm称为厚板，3~20mm称为中板，3mm以下称为薄板。厚度在0.2mm以下称为极薄带钢或箔材。美国、日本、德国、法国等国家把厚度4.7~5.5mm以上的钢板统称厚板，此厚度以下到3.0mm称为中板，3.0mm以下称为薄板。从钢板的规格来看，世界上生产钢板的厚度范围最薄已达到0.001mm，最厚达500mm；宽度范围最宽达5350mm；重量范围最重250t。

（2）按用途可分为汽车钢板、压力容器钢板、造船钢板、锅炉钢板、桥梁钢板、电工钢板、深冲钢板、航空结构钢板、屋面钢板及特殊用途钢板等。不同用途的板带钢常用的产品规格是不同的。

（3）按钢种可分为普通碳素钢板、优质碳素钢板、低合金结构钢板、碳素工具钢板、合金工具钢板、不锈钢板、耐热及耐酸钢板、高温合金钢板等。

一个钢种的钢板可以有不同的规格、不同的用途，同一个用途的钢板也可采用不同的钢种来生产。因此标识一个钢板品种，通常要用钢板的钢种、规格、用途等来表示。

0.2　板带钢产品的技术要求

　　板带钢的用途非常广泛，不同用途的对板带钢的技术要求也就不同。对板带钢产品的基本要求包括化学成分、几何尺寸、板形、表面、性能等几个方面。

　　（1）钢板的化学成分要符合选定品种的钢的化学成分（通常是指熔炼成分），这是保证产品性能的基本条件。

　　（2）钢板的外形尺寸要求包括厚度、宽度、长度，且它们的公差应满足产品标准的要求。例如，公称厚度为 0.2~0.5mm 的冷轧板带钢，其厚度允许偏差，A 级精度为 ±0.04mm，B 级精度为 ±0.05mm，公称宽度不大于 1000mm 的冷轧板带钢宽度允许偏差为 ±6mm；公称长度不大于 2000mm 的冷轧板带钢长度允许偏差为 ±10mm。对钢板而言，钢板的厚度精度要求是钢板生产和使用特别关注的尺寸。钢板的厚度控制是一条钢板生产线技术装备水平的重要标志之一。

　　（3）钢板常常作为包覆材料和冲压等进一步深加工的原材料使用，使用上要求板形要平坦。在钢板的技术条件中，钢板的不平度以钢板自由放在平台上，不施加任何外力的情况下，钢板的浪形和飘曲程度的大小来度量。不同品种对钢板的不平度的要求不同。例如，公称厚度大于 4~10mm 的热轧钢板、钢带在测量长度 1000mm 条件下，不平度要不大于 10mm；公称厚度大于 0.70~1.50mm、公称宽度大于 1000~1500mm 的冷轧钢板、钢带，不平度要不大于 8mm。

　　（4）使用钢板作原料生产的零部件，原钢板的表面一般是工作面或外表面，从使用的要求出发对钢板表面有较高的要求。生产中，从设备和工艺上要保障能生产出满足表面质量要求的产品。技术条件中通常要求钢板和钢带表面不得有气泡、裂纹、结疤、拉裂和夹杂，钢板和钢带不得有分层；钢板表面上的局部缺陷应用修磨的方法清除，钢板清除部位的厚度不得小于钢板最小允许厚度。

　　（5）根据钢板用途的不同，对钢板和钢带的性能要求不同。钢板对性能的要求包括四个方面：力学性能、工艺性能、物理性能、化学性能。对力学性能的要求包括对强度、塑性、硬度、韧性的要求，对绝大多数的钢板、钢带产品而言，对力学性能是最基本的要求；工艺性能包括冷弯、焊接、深冲等性能；材料使用时对物理性能有要求时，在技术条件中提出，如电机和变压器用钢对磁感强度、铁磁损失等物理性能提出要求；材料使用时对化学性能有要求时，在技术条件中提出，如不锈钢板、钢带对防腐、防锈、耐酸、耐热等化学性能提出要求。

0.3　板带材生产特点

　　板带材的外形特点是宽而薄，宽厚比很大，这一特点决定了生产板带材的轧机特点。板带材的宽度大，轧制压力大，生产板带轧机的轧辊要很长。要减少轧制压力就必须减小辊径，为了保证轧辊的刚度要求，需要使用有支持辊的多辊轧机，同时轧机整体的刚度也要高。轧制压力过高与其在轧制过程中的波动是影响板带材厚度公差的关键因素，所以板带轧机应有板厚自动控制装置，用于检测与控制轧制压力的波动以控制板厚。在生产过程中，轧辊受变形热等因素的影响，以及轧辊因与轧件接触摩擦导致不均匀磨损，轧辊直径会发生不同变化，要保证板材的厚度和板形，就要对轧辊的辊型进行调整，因此板带轧机应具有辊型的调整手段和装置。

板带材的外形特点还决定了板带材轧制工艺上的特点。由于板带材的表面积很大，对板带材的表面质量要求高，保证表面质量是板带材生产工艺中一个重要工作。例如，加热时生成的氧化铁皮的清除、轧辊表面的加工、运送过程中对表面的防护等，都是生产工艺中不可或缺的关注环节。热轧板带材由于表面积大，散热快且温度难以均匀，造成轧制压力波动，使板厚不均，影响产品质量。在热轧时，减少温度的波动，减少温度在板面上的不均匀分布，是板带材生产工艺的重要环节。

复习思考题

0-1 板带钢按厚度是如何分类的？

0-2 试述板带钢的主要技术要求？

0-3 板带钢的生产特点？

项目1　热轧带钢生产

【知识目标】

(1) 了解热连轧带钢生产常用的原料及加热。
(2) 了解压下规程的设计和要求。
(3) 掌握热连轧带钢生产设备组成、布置与结构。
(4) 掌握压下规程设计的方法和步骤。
(5) 掌握热连轧带钢的轧制工艺与工艺制度。

【能力目标】

(1) 具有选择轧辊的能力。
(2) 具有对热连轧带钢进行操作及调整的能力。
(3) 具有对热连轧带钢缺陷进行分析及控制的能力。
(4) 具有热连轧带钢轧制工艺制度的设计能力。

任务1.1　热轧宽带钢生产工艺流程

1.1.1　产品及用途

1.1.1.1　热轧宽带钢产品规格

我国现有的热轧宽带钢轧机生产的产品规格如下：

(1) 热轧钢卷。厚度0.8~25.4mm，宽度600~1900mm，钢卷内径762mm，钢卷外径（最大）2150mm，钢卷质量（最大）43.6t，单位宽度质量（最大）23kg/mm。

(2) 剪切钢板。厚度0.8~25.4mm，宽度550~1850mm，长度2.0~12.0m（设计可达16m），捆包质量5~10t。

(3) 平整钢卷。厚度0.8~6.35mm，宽度600~1900mm，钢卷质量（最大）43.6t。

(4) 切分钢卷。厚度0.8~8.6mm，宽度600~1900mm。

(5) 纵切钢卷。厚度0.8~12.7mm，带钢宽度120~1850mm。

1.1.1.2　热连轧板带材的品种及用途

热轧宽带钢产品主要以钢卷状态供给冷轧机作原料，同时，也直接向用户和市场销售热轧钢卷和精整加工产品，即平整钢卷、分卷钢卷、纵切窄带钢卷、横切钢板，最近几年又有经过酸洗的热轧钢卷和经过镀锌的热轧钢卷销售。

供给本企业和其他企业冷轧机作原料用热轧钢卷，主要的钢种为低碳钢（包括超低碳钢）、一般碳素结构钢；供冷轧机生产取向硅钢、无取向硅钢、不锈钢薄板带用原料钢卷，也由热轧宽带钢轧机生产。冷轧机原料钢卷的规格范围为：厚度1.5~6.0mm、宽度600~1900mm、钢卷内径762mm、最大外径2150mm、最大单位宽度卷重23kg/mm。

直接供用户和向市场销售的热连轧钢板带材的种类和用途如下：

（1）普通碳素结构钢板带。这是用量大、用途广泛的品种，如用于制造建筑结构，起重运输机械，工程、农用和建筑机械，铁路车辆及其他各种结构件。

（2）优质碳素结构钢板带，包括按国外标准供货的焊接结构钢板带。大量的用途同上，并用于制造汽车、拖拉机、收割机以及要求冲压性能和焊接性能优良的机械构件、石油储罐、压力容器、船舶、桥梁和各种工程结构件。

（3）低合金高强度结构钢板带。这种板带用于制造强度更高、成形性更好和性能稳定的机械制造、车辆、化工设备等各种设备的结构，大型厂房钢结构、重要工程及桥梁等结构。

（4）耐大气腐蚀和高耐候钢。这种产品用于制造铁路客车、冷藏车、铁路货车、矿石车以及各种交通车辆的结构件，也用于船舶及铁路集装箱制造，石油井架、各种工程机械和交通运输机械的制造。

（5）耐海水腐蚀结构钢。这种产品用于石油井架、海港建筑、采油平台、船舶制造，也用于含硫化氢腐蚀性液体的化工、石油容器和铁路运输车辆的制造。

（6）汽车制造用钢板带系列。其中包括：汽车纵横梁用结构钢，用于制造大梁、横梁、车厢底架纵横梁等；汽车车厢用钢板带，用于制造汽车车厢底板、边框架等；汽车车轮冷冲压用钢，用于制造车轮、轮辐、轻型汽车发动机支架等冷冲压成形件；汽车传动轴钢管用钢，也可用机械制造冲压件；汽车用双相钢板带，用于制造汽车前、中、后横梁，车厢纵横梁，发动机悬置横梁，车厢立柱及边中框等较复杂冲压件。

（7）集装箱用钢。专用于制造集装箱侧板、门板、顶板、底板、边框、立柱等构件。

（8）管线用钢。这种产品用于按照APISPEC5L生产的石油、天然气输送用管线钢卷，也用于制造埋弧焊接钢管及直缝电阻焊钢管。

（9）焊接气瓶及压力容器用钢。用于制造液化气钢瓶及乙炔气钢瓶，较高工作温度的压力容器及锅炉等。

（10）造船用钢板。用于制造内河船体及上层建筑结构，远洋轮船的上层建筑及隔舱板。

（11）矿用钢板。用于制造采矿用液压支架、矿用工程机械、矿用车斗、采矿刮板运输机，以及其他矿用机械耐磨结构件。

1.1.2 热轧宽带钢生产工艺流程

常规热轧带钢生产工艺流程如图1-1所示。这种传统工艺具有以下特征：

（1）原料是厚度较大的连铸板坯，连铸机为厚板坯连铸机，铸速较慢；

（2）连铸与轧钢分属两个互相独立的车间，它们往往相距较远，没有统一的计划、调度和指挥；

（3）两个车间都有较大的板坯库用来堆放连铸坯；

（4）钢水经连铸机变成板坯后，往往要经过冷却、检查、人工离线表面缺陷清理、库内堆放、备料等多个环节；

（5）由于离开连铸机后，经过了长时间冷却，连铸坯入炉温度基本为室温，虽然有的企业采取了某些抢温保温等措施，实现了一定程度的热送热装，但连铸坯入炉温度一般在 A_1 以下，因此在轧制前需要在加热炉内进行长时间加热。

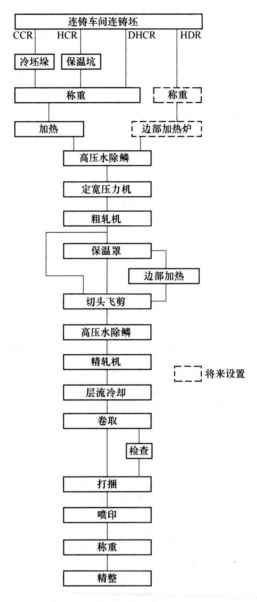

图1-1　热轧带钢生产工艺流程图

常规热轧带钢工艺的轧制工序由粗轧和精轧组成。图1-1中各个工序的主要作用为：

（1）原料准备为加热和热轧准备质量合格的连铸板坯。它一般包括连铸车间对连铸坯检查、表面缺陷清理、堆放，轧钢车间验收、按照轧制计划备料、堆放等环节。

（2）加热提高连铸坯温度，改善其塑性，降低其变形抗力，改善其内部组织和性能，以满足轧制的要求。

（3）粗轧大幅度减小轧件的厚度，调整和控制宽度，增加长度，清除表面一次氧化铁皮。

粗轧机组由若干架呈串列式布置的立辊、水平辊轧机组成。一般来说，除第一架外，其余各架均是由一架立辊轧机和一架水平辊轧机组成的万能式轧机，立辊轧机与水平辊轧机形成连轧关系，立辊轧机一般在水平辊轧机的入口侧。第一架水平辊轧机可能是二辊式，也可能是四辊式，其余水平辊轧机一般为四辊式。

立辊轧机的作用是：1）使轧件宽度减小；2）使轧件宽度沿长度方向在较小范围内波动；3）以小的侧压量压边，使轧件边部平直、裂纹压合；4）使轧件出立辊轧机后，对准水平辊轧制中心线进入水平辊轧机。

第一架立辊轧机一般为带孔型的大立辊轧机（VSB），或者是定宽压力机。它们的调宽能力很强，可以在轧件较厚、温度较高时，对轧件施加大的侧压量（一般为 150mm 以下），使其宽度大幅度减小，满足精轧机对中间带坯宽度灵活变化的要求。这样，有利于减少连铸坯宽度级数，减少调整和更换连铸机结晶器的次数，提高连铸机的生产率和连铸坯质量，缓解轧机生产能力高而连铸机生产能力不足的矛盾。此外，第一架立辊轧机还起到挤碎挤松板坯表面氧化铁皮的作用，以便于随后用高压水冲掉。

由于带钢热连轧机精轧机组都是连轧机，不同布置形式的带钢热连轧机的区别仅在于粗轧机组布置的不同。

（4）剪头尾从粗轧机组轧出的半成品称为中间带坯，粗、精轧机组之间的辊道称为中间辊道。中间带坯在进入精轧机组前要切头，有时还需要切尾。切头前用高压水箱除鳞，用辊式矫直机矫直中间带坯头部。切头的目的是为了除去温度过低或形状不整齐的头部，以免损伤辊面，防止舌头、鱼尾形头部卡在精轧机架间侧导板、卫板、辊道、卷取机缝隙中。切尾是为了防止舌头、鱼尾形的后端给卷取及后部精整工序带来困难。

轧制线上飞剪一般为转股式飞剪，装有两对刀刃，一对为弧形刀，用以切成宽向中部稍微凸出的舌形，以有利于咬入，减小咬入时轧件对轧辊的冲击及减小剪切力；一对为直刀，用于切尾。

（5）精轧继续减小轧件的厚度，增加其长度，控制热轧带钢成品尺寸精度和板形，清除二次、三次氧化铁皮。

（6）层流冷却对轧后的热轧件进行水冷，使其温度迅速降低到卷取温度，满足卷取工艺的要求，提高热轧带钢性能。

（7）卷取是把长度很长的钢带打成卷，便于运输、堆放。

（8）酸洗去除热轧带钢表面氧化铁皮和暴露带钢的表面缺陷。此工序一般放在冷轧车间进行。近年来，热轧板除了增加了热轧酸洗卷这一新品种外，我国有的厂家还开发了用于制造筒式钢板仓、客车车厢和高速公路护栏板的热轧镀锌板。

（9）平整小压下量轧制，热轧带钢的热平整机约有 1.0% 的压下率，目的是改善板形、提高表面质量、改善机械性能、分卷以及质量检查等。

（10）横切是冷态的热轧卷开卷后，采用飞剪，沿带钢横向进行周期性地剪切，使其成为一张张的钢板。纵切是冷态的热轧卷开卷后，采用圆盘剪，沿带钢纵向进行剪切，把宽带卷分成若干窄带卷。

（11）调头尾是热卷箱的作用。热卷箱的作用是把高温的中间带坯卷取后，随即又反向开卷，使中间带坯尾部变成精轧时的头部送向精轧机。

任务 1.2　坯料及加热

1.2.1　坯料及坯料处理

1.2.1.1　坯料

A　概述

大部分热轧板卷用的坯料是碳的质量分数在 0.4% 以下的普通碳素钢、优质碳素钢、低合金高强度钢。特殊原料有高碳钢、合金钢、不锈钢、硅钢等。热轧板卷按用途分有汽车用、建筑用、造船用、管线用、工业机械用等。钢的化学成分主要是由各种标准及加工和用途等条件决定，也有按表面质量的要求调整化学成分。

B　坯料形式

热轧用坯料使用的是板坯。连铸板坯虽然受批量、材质等限制，但是具有单重大、成材率高、生产周期短、材质均匀、节能、节省人力等优点。因此，连铸板坯的占比在急剧地增加。20 世纪 80 年代末，板坯连铸占比已超过 90%。随着技术的发展，连铸生产受批量和材质限制等问题已基本得到解决，故最近热带钢轧机的原料均使用连铸板坯，初轧板坯已趋淘汰。

连铸变更板坯尺寸困难和供热轧批量集中的难题，是通过两个方面解决的。一是增加一种能变更板坯尺寸（特别是宽度）的功能；一是减少轧制程序构成上的限制条件，采用了自由程序轧制，增加了同一宽度的轧制长度，缓和了厚度、宽度变化量的限制条件，由此实现连铸批量集中，以便直接热装或直接轧制。

关于改变板坯宽度的手段，已开发出多种方法，目前被广泛采用的只有连铸变宽和热轧压下调宽技术。

连铸变宽技术是利用连铸工序调整板坯宽度的方法，可以在铸造过程中不停止浇注的条件下，缓慢变化宽度。另一种方法需要短时间停止浇注。

宽度大压下轧制是热轧压下调宽技术不可缺少的工序，它是通过热轧粗轧机的立辊轧机或定宽压力机进行宽度大压下。一般采用带孔型的强力立辊轧机，其有效侧压量为 100~150mm；选用定宽压力机设备时，其有效侧压量可达 300mm。

C　坯料尺寸

板坯尺寸的限制条件有：连铸机的结晶器尺寸，后部工序的接受能力，即热轧工序内加热炉的能力、轧制线的能力、板卷材质量方面的要求等。

20 世纪 70 年代，日本和欧洲建设了 6 套第三代轧机，其特点是高轧速、大坯重、大单位钢卷质量。在此之后，新建的热轧带钢轧机为节省设备费用板坯最大尺寸有所下降。1995 年投产的日本千叶 3 号 2050mm 热轧带钢厂，其单位宽度卷重为 25kg/mm，板坯最大厚度为 260mm，板坯最大长度为 12500mm，钢卷最大质量为 32t。我国的 1580mm、1780mm 热轧带钢厂，其单位宽度卷重为 23kg/mm，板坯厚度为 230mm，板坯长度为 11000mm。

热轧带钢轧制线使用钢卷单位宽度质量（单位为 kg）作为评价指数。此数值作为决定设备规格、轧机间距、钢卷外径等指标而被广泛采用。在板坯调宽量很小的情况下，钢卷宽度按板坯宽度考虑，其单位宽度质量取决于板坯厚度和板坯长度，即板坯单位宽度质量和钢卷单位宽度质量相等。现代热轧带钢轧机由于粗轧机组调宽能力的增大，钢卷的单位宽度质量已不能等同于板坯的单位宽度质量。钢卷的单位宽度质量必须考虑经大侧压后的钢卷宽度。

a 板坯宽度

板坯宽度由钢卷宽度决定，板坯宽度和钢卷宽度的关系与粗轧机组的调宽能力相对应，20 世纪 50 年代，同一板坯宽度可轧钢卷宽度标准范围因变化小而视作板坯与钢卷等宽。20 世纪 70~80 年代采用了带孔型的强力立辊，其宽度标准范围一般为 100~150mm，自轧制线上采用了定宽压力机后一次最大侧压量可达 350mm，可轧宽度标准范围一般为 200mm，最大 300mm。

b 板坯长度

板坯长度主要由单位宽度质量和板坯厚度决定。20 世纪 50 年代因热轧带钢轧机无升速轧制，为保持带钢头尾温差，带钢不能过长，此时的板坯长度一般为 5500mm 左右。20 世纪 60 年代热轧带钢轧机采用升速轧制，70 年代为提高产量、提高成材率而追求高轧速、大坯重、大单位宽度卷重，板坯长度设计达 14500mm。我国宝钢和鞍钢现代化热带钢轧机单位宽度卷重为 24kg/mm 左右，据此采用 230mm、250mm 坯厚，板坯长度最长达 12000mm。

c 板坯单重

板坯单重取决于板坯尺寸，设计板坯最大质量时，已建的多数热带钢轧机是按板坯最大宽度计算的，但最大宽度的产品在产品方案中所占比例很小。现代热轧带钢轧机为减小板坯质量、降低设备费用，确定最大坯重时选择经济合理的坯宽，一般不采用最大坯宽。

D 坯料质量

板坯的质量一般用表面状态、内在质量、尺寸精度、形状来评价、表面状态、内在质量对成品有着极大的影响，应通过检查将有害的缺陷及时清理。采用连铸生产工艺，板坯翘曲、弯曲等现象已很少出现。

1.2.1.2 坯料处理

A 概述

由连铸车间及初轧车间运来的板坯被送到热轧板坯库入口时，经操作工核对后，按材质、宽度进行堆放，一个炉次的板坯应尽量分散到各跨去堆放，以便减轻吊车的作业负荷；并且按照最佳的轧制计划，把指定的板坯按指定的顺序装到上料辊道上，然后装入加热炉。板坯清理工作为便于管理一般都在连铸车间进行，也有的将清理设备安装在热轧板坯库内。

被送至板坯库内的板坯分为冷板坯和热板坯。传统上常常采用将连铸或者初轧生产出的板坯冷却清理后再由加热炉加热至目标温度进行轧制的工艺。为节省能源，有效地采用了利用连铸、初轧板坯潜热的热装工艺（IICR），坯温一般为 600℃ 左右。为大幅度地节省能源，在热轧工序采用可缩短加热时间的直接热装工艺（DHCR），坯温一般在 800℃ 以上；或采用直接轧制工艺（HDR），此技术是将炼钢（连铸）和热轧两个各自独立的不同工序连续化，因此需要解决这两个工序间的温度小时产量、工艺参数的匹配和质量保证全过程管理及平面布置最佳化等一系列技术问题。目前，世界上先进的常规热带钢轧机热装比已超过 80%。

B　板坯清理设备

我国热轧宽带钢轧机需上工序供给合格板坯，故板坯清理设备设在连铸或初轧车间。

a　清理

板坯的清理主要是采用火焰清理方式，也有采用砂轮清理的，如不锈钢、高合金钢等。

火焰清理有三种方式：热板坯机械火焰清理、冷板坯机械火焰清理及手动火焰清理。热板坯机械火焰清理装置安装在初轧及连铸的精整线上，冷板坯机械火焰清理装置及手动火焰清理装置可离线安装在初轧、连铸车间，也有安装在热轧板坯库的。

火焰切割连铸板坯时产生的毛刺（粘附在板坯背面的熔渣），最初是由工人采用人工火焰清理工具进行清理的，然而随着 HCR 量的增加和板坯高温化技术的实施，人工清理已无法完成，为此开发并应用了自动清理毛刺的方法。清理毛刺的方法包括采用铲具的机械清理法和氧气火焰清理法两种，现在多数采用机械清理法，而且是在连铸生产中在线进行。

b　检查

板坯表面状况检查，传统上都是由工人在切割前后，用肉眼进行直观检查，然而为了提高检查精度以及适应 HCR、HDR 的需要，开发了热表面缺陷检测装置。板坯的热表面缺陷检测装置有使用探头线圈的涡流探伤装置和利用自发光或照明光的光学探伤装置。

不锈钢、高合金钢等需要对微细的表面缺陷进行检测时，采用冷板坯浸透探伤试验的方法。

1.2.2　加热

加热是用来把连铸或初轧板坯再加热到轧机所需要的温度，板坯加热质量和产量满足轧制要求，而且能耗较低的热工设备。

热轧带钢厂所采用的加热炉是连续式炉，如推钢式和步进梁式加热炉。在 1980 年以前，我国建设的热轧带钢厂采用的多数是推钢式加热炉；在 1980 年以后，均采用步进梁式加热炉，且逐步将以前建设的推钢式加热炉改造为步进式加热炉。

任务 1.3　轧　　制

1.3.1　粗轧机组

1.3.1.1　概述

粗轧设备主要由粗轧除鳞设备、定宽压力机、立辊轧机、水平轧机、保温罩、热卷箱等组成。辅助设备有工作辊道、侧导板、测温仪、测宽仪等。

粗轧机位于加热炉之后，精轧机之前。经加热炉加热好的板坯，用出钢装置出炉到出炉辊道上，送到除鳞设备除去板坯表面上的一次氧化铁皮。随后，板坯由定宽压力机或立辊轧机调宽、控宽，由粗轧水平轧机轧成适合于精轧机的中间坯。轧制过程中产生的氧化铁皮，由粗轧机前后高压水除鳞装置清除。

板坯宽度精度的控制主要在粗轧机。粗轧机常用的板坯宽度控制方式为宽度自动控制（AWC）。

1.3.1.2　粗轧机的布置

根据产量、板卷重量和投资等诸多方面因素决定粗轧机的数量和布置形式。粗轧机的布置形式主要有全连续式、3/4 连续式、半连续式和其他形式。

A　全连续式

全连续式粗轧机通常由 4~6 架不可逆式轧机组成，前几架为二辊式，后几架为四辊式。全连续式粗轧机的布置形式主要有两种：一种是全部轧机呈跟踪式连续布置；另一种是前几架轧机为跟踪式，后两架为连轧布置。典型的全连续式粗轧机的布置如图 1-2 所示。

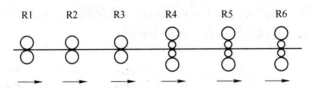

图 1-2　典型的全连续式粗轧机布置

全连续式粗轧机在一、二代热轧带钢轧机中居多，因受当时的控制水平和机械制造能力的限制，粗轧机轧制速度较低，且都是以断面大、长度短的初轧板坯为原料，所以轧机产量取决于粗轧机的产量。全连续式粗轧机每架轧机只轧一道，轧件沿一个方向进行连续轧制，生产能力大，因此在当时发展较快。

随着粗轧机控制水平的提高和轧机结构的改进，粗轧机的轧制速度提高了，生产能力增大了，粗轧机的布置形式也发生了很大变化，相继发展了 3/4 连续式和半连续式。相比之下，全连续式粗轧机的优点就不明显了，而且其生产线长、占地面积大、设备多、投资大、对板坯厚度范围的适应性差等缺点更加突出，所以近期建设的粗轧机已不再采用全连续式。

我国热轧宽带钢粗轧机布置中仅梅钢 1422mm 为全连续式。

B　3/4 连续式

3/4 连续式粗轧机由可逆式轧机和不可逆式轧机组成，其布置形式有 2 架轧机、3 架轧机或 4 架轧机。典型的 3/4 连续式粗轧机的布置如图 1-3 所示。

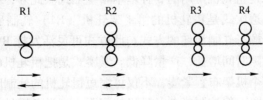

图 1-3　典型的 3/4 连续式粗轧机布置

典型的 3/4 连续式粗轧机由 4 架轧机组成，第 1 架为二辊可逆式轧机，第 2 架为四辊可逆式轧机，第 3、4 架均为四辊不可逆式轧机。

3/4 连续式粗轧机的轧制工艺是：板坯在可逆式轧机上往复轧制 3~5 道次，在不可逆式轧机上轧制 1 道次。

3/4 连续式粗轧机不仅有全连续式粗轧机的优点，而且克服了它的缺点。与全连续式相比，3/4 连续式粗轧机具有生产线短、占地面积小、设备少、投资省、对板坯厚度范围的适应性好等优点，且生产能力也不低，适应于多品种的热轧带钢生产。

我国热轧宽带钢粗轧机采用 3/4 连续式布置的有宝钢 2050mm、武钢 1700mm、本钢 1700mm、太钢 1549mm。

C　半连续式

半连续式粗轧机由 1 架或 2 架可逆式轧机组成。半连续式粗轧机常见的几种布置形式有：

（1）由 1 架四辊可逆式轧机组成，如图 1-4 所示。

（2）由 1 架二辊可逆式轧机和 1 架四辊可逆式轧机组成，如图 1-5 所示。

（3）由 2 架四辊可逆式轧机组成，如图 1-6 所示。

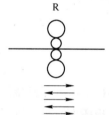

图 1-4　由 1 架四辊可逆式轧机组成的半连续式粗轧

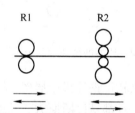

图 1-5　由 1 架二辊可逆式轧机和 1 架四辊可逆式的半连续式

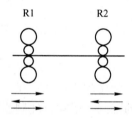

图 1-6　由 2 架四辊可逆式轧机组成半连续式粗轧

半连续式粗轧机与 3/4 连续式粗轧机相比，具有设备少、生产线短、占地面积小、投资省等特点，且与精轧机组的能力匹配较灵活，对多品种的生产有利。近年来，由于粗轧机控制水平的提高和轧机结构的改进，轧机牌坊强度增大，轧制速度也相应提高，粗轧机单机架生产能力增大，轧机产量已不受粗轧机产量的制约，从而半连续式粗轧机发展较快。

我国热轧宽带钢粗轧机采用半连续式布置的有宝钢 1580mm、鞍钢 1780mm、攀钢 1450mm、武钢 2250mm。

D　其他形式

以上 3 种布置形式是粗轧机常用的 3 种基本布置形式。此外，粗轧机的布置形式还有逆道次式和紧凑式。逆道次式是粗轧机的第 1 架轧机（R1）轧制后，打开该轧机的辊缝逆送板坯，再由该轧机顺行轧制板坯的方式。此方式可灵活发挥 R1 轧机的余量，减少粗轧机的架数，但轧机间隙时间增长，产量降低。紧凑式是把粗轧机的 2 个可逆机架紧凑布置。紧凑式布置由于 2 个机架布置紧凑，不仅可缩短粗轧机的轧制时间，还可减少 2 架轧机之间的辊道，节省投资，但控制复杂，且机架间距小，设备维护检修困难。

粗轧机的紧凑式布置如图 1-7 所示。

1.3.1.3 粗轧机设备

A　粗轧机

a　粗轧机及其前后设备

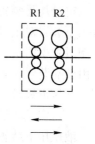

粗轧机的水平轧机结构形式通常为二辊式或四辊式。粗轧机组布置中，二辊式粗轧机布置在机组的前面部分，四辊式粗轧机布置在机组的后面部分。热轧带钢生产中，粗轧机的水平轧机是把热板坯减薄成适合于精轧机轧制的中间带坯。板坯在粗轧机上前几道次的轧制，因温度较高，有利于实现大压下，就需要轧辊具有较大的咬入角；后几道次的轧制，需要

图 1-7　紧凑式

为精轧机输送厚薄均匀的中间坯。二辊式粗轧机与四辊式粗轧机相比：二辊式的工作辊直径大，具有大的咬入角，可实现大的压下量；四辊式的工作辊直径小，有利于带坯的厚度控制，又因有支撑辊，减小了工作辊的挠度，可轧制较薄的、厚度均匀的中间坯。

粗轧机的工作方式分为可逆式和不可逆式两种。可逆式粗轧机的开口度较大，板坯在轧机上进行往复轧制，总的厚度压下量大。不可逆式粗轧机往一个方向对板坯进行一道次轧制。

粗轧机前后的设备主要有立辊、除鳞集管、护板、机架辊、出入口导板等。粗轧机前后设备的组成如图 1-8 所示。

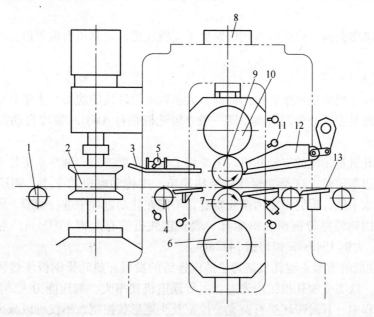

图 1-8　粗轧机前后设备

1—辊道；2—立辊；3—入口导板；4—机架辊；5—除鳞集管；6—下支撑辊；7—下工作辊；
8—压下装置；9—上工作辊；10—上支撑辊；11—轧辊冷却集管；12—出口导板；13—护板

b　粗轧机压下装置

粗轧机压下装置位于水平轧机牌坊上部，用于调整轧辊的辊缝和胶制板坯压下量。压下装置的主要形式有电动压下和液压压下。

电动压下装置通过电动机传动减速机转动压下螺丝实现轧辊的辊缝调整。可逆式粗轧机压下装置对辊缝的调整范围大。常用的电动压下装置有两种形式：一种是单速压下，即轧制过程中的辊缝调整和换辊后的辊缝调零都是一个速度，辊缝调零压靠后的压下螺丝回松由解靠装置实现；另一种是双速压下，即轧制过程中的辊缝调整用快速，换辊后的辊缝调零和压下螺丝回松用慢速。双速压下既可实现轧制过程中辊缝的快速调整，缩短间隙时间，又可实现辊缝调零的慢速要求，避免辊缝调零时的轧辊冲击和取消解靠装置。

液压压下装置采用液压缸，系统简单、调整范围大，既实现轧制过程中的辊缝快速调整，又可满足换辊后的辊缝调零和解靠慢速要求。

B　板坯宽度侧压设备

热轧带钢生产随着原料由初轧板坯向连铸板坯的转变，对板坯宽度侧压设备的性能要求也发生了巨大变化。在开坯轧制过程中，初轧板坯宽度可由初轧机的立辊根据热轧带钢轧机需要的各种宽度规格的板坯宽度进行控制。使用初轧板坯的热轧带钢轧机，其宽度侧压设备的主要作用是调整水平轧制过程中板坯产生的宽展量，改善带坯宽度质量。连铸板坯生产中，虽然连铸机也有连续改变宽度的装置，但是要满足热轧带钢轧机的各种宽度规格的板坯用料就相当困难，甚至会降低连铸机的产量。随着连铸板坯比例的增大，要减少板坯宽度进级提高连铸生产能力，实现连铸板坯热装节约能源，就要求热轧与连铸相匹配，也就要求使用连铸板坯的热轧带钢轧机具有调节板坯宽度的功能，即要有板坯宽度大侧压设备。

基于上述诸多原因，热轧带钢轧机发展了立辊轧机、定宽压力机等形式的板坯宽度侧压设备。

a　立辊轧机

立辊轧机位于粗轧机水平轧机的前面，大多数立辊轧机的牌坊与水平轧机的牌坊连接在一起。立辊轧机主要分为两大类，即一般立辊轧机和有 AWC（宽度自动控制）功能的重型立辊轧机。

一般立辊轧机是传统的立辊轧机，主要用于板坯宽度齐边、调整水平轧机压下产生的宽展量、改善边部质量。这类立辊轧机结构简单，主传动电机功率小。侧压能力普遍较小，而且控制水平低，辊缝设定为摆死辊缝，不能在轧制过程中进行调节，带坯宽度控制精度不高。我国热轧宽带钢粗轧机配有一般立辊轧机的有武钢 1700mm、本钢 1700mm、攀钢 1450mm、太钢 1549mm 和梅钢 1422mm。

有 AWC 功能的重型立辊轧机是为了适应连铸的发展和热轧带钢板坯热装的发展而产生的现代轧机。这类立辊轧机结构先进，主传动电机功率大，侧压能力大，具有 AWC 功能。在轧制过程中，其对带坯进行调宽、控宽及头尾形状控制，不仅可以减少连铸板坯的宽度规格，而且有利于实现热轧带钢板坯的热装，提高带坯宽度精度和减少切损。我国热轧宽带钢粗轧机配有 AWC 功能的重型立辊轧机的有宝钢 2050mm 和本钢 1700mm。

宽度自动控制（AWC）按控制方式的不同分为：轧制力反馈控制（RF-AWC）、前馈控制（FF-AWC）和短行程控制（SS-AWC）。

轧制力反馈控制（RF-AWC）是根据侧压时沿板坯长度方向材料硬度不同，会使立辊轧机产生不同的弹跳量，导致轧制力变化的原理，把所测得的轧制力变化，由液压 AWC 装置快速反映变更辊缝，从而改变轧制压力，使板坯宽度保持为常数，使水平轧制后的板坯在长度方向上的宽度均匀。

　　前馈控制（FF-AWC）是针对板坯在加热炉内加热受水冷滑道影响而产生温度低于其他部位的水印。立辊侧压后进行水平轧制时，水印处的材料宽展大于其他部分的材料宽展，导致长度方向上产生宽度差。侧压时对水印进行跟踪，预设定液压 AWC，在水印处加大侧压量，消除水印处产生的多余的宽展量，使水平轧制后的板坯达到设定的宽度值。

　　短行程控制（SS-PWC）是解决板坯侧压量较大时，金属易向中部或两个角部流动，造成板坯头尾失宽的问题。此外，板坯侧压边部凸起呈两端小、中间大，水平轧制后又加大头尾失宽。通过液压 AWC 装置对板坯的头尾进行短行程控制，调节其侧压量，使板坯头尾经水平轧制后趋于矩形，从而使整个板坯在长度方向上的宽度均匀，减少头尾切损，提高产品收得率。

　　有 AWC 功能的重型立辊轧机的结构如图 1-9 所示。

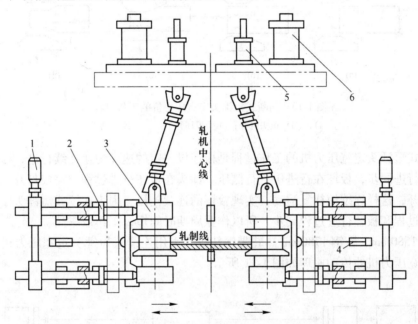

图 1-9　有 AWC 功能的重型立辊轧机

1—电动侧压系统；2—AWC 液压缸；3—立辊轧机；4—回拉缸；5—接轴提升装置；6—主传动电机

　　b　定宽压力机

　　定宽压力机位于粗轧高压水除鳞装置之后，粗轧机之前，用于对板坯进行全长连续的宽度侧压。与立辊轧机相比，定宽压力机每道次侧压量大，最大可达 350mm，从而可大大减少板坯宽度规格，有利于提高连铸机的产量，还可降低板坯库存量，简化板坯库管理。立辊轧机和定宽压力机轧制的带坯还有以下不同点：立辊轧机轧出的带坯边部凸出量大（俗称狗骨形），经水平轧机轧制易产生较大的鱼尾；而定宽压力机侧压的带坯边部凸出量较小，经水平轧机轧制后产生的鱼尾也较小，有时甚至没有鱼尾，因此可减少切损，提高热轧成材率。显而易见，定宽压力机有利于提高连铸和热轧的综合经济效益。

　　定宽压力机主要有两种形式，即长锤头定宽压力机和短锤头定宽压力机。

　　长锤头定宽压力机的锤头长度略长于板坯长度，在一个侧压行程中板坯全长边部同时受到挤压。与立辊轧机相比，长锤头定宽压力机可以改善带坯头尾及边部形状，避免头尾失宽，但其调宽量较小，且设备结构庞大、投资大，安装维护也不方便。

短锤头定宽压力机的锤头长度远小于板坯长度，侧压行程中锤头从板坯头部至尾部依次快速进行挤压，以实现大侧压调宽。短锤头定宽压力机有两种形式，即间断式和连续式。

间断式短锤头定宽压力机的工作过程是锤头与板坯分别动作，即锤头打开，板坯行进一个侧压位置，锤头侧压到设定宽度，然后锤头打开，板坯又行进一个侧压位置，这样重复运动，直至板坯全长侧压完毕。间断式短锤头定宽压力机的工作过程如图 1-10 所示。

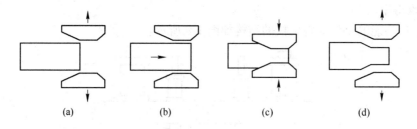

图 1-10　间断式短锤头定宽压力机的工作过程

(a)，(d) 锤头打开；(b) 板坯行进；(c) 锤头侧压

连续式短锤头定宽压力机的工作过程是板坯以一定的速度匀速连续行进，锤头的动作与板坯的行进同步，板坯在行进中进行侧压。锤头在板坯行进过程中完成打开、行进、侧压、再打开，这样连续地往复运动，实现板坯的连续侧压。因为连续式短锤头定宽压力机锤头侧压过程和板坯行进过程同步，所以作业周期时间短，工作效率高。

宝钢 1580mm、鞍钢 1780mm 热轧带钢轧机均采用连续式短锤头定宽压力机。连续式短锤头定宽压力机的传动原理如图 1-11 所示。

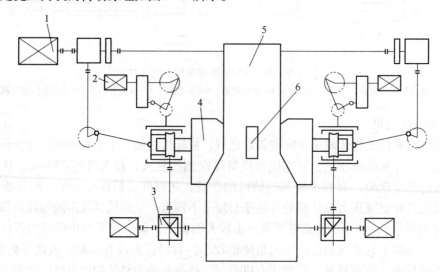

图 1-11　连续式短锤头定宽压力机的传动示意图

1—主传动系统；2—同步系统；3—调整机构；4—锤头；5—板坯；6—控制辊

C　除鳞设备

粗轧除鳞设备用于清除板坯表面的一次氧化铁皮，其主要形式有辊式除鳞机和高压水除鳞装置。

辊式除鳞机分为二辊水平机架除鳞机（RSB）和立辊式除鳞机（VSB）。二辊水平机架除鳞机在作为粗轧机水平轧机使用的同时，通过对板坯的压下，压碎板坯表面的氧化铁皮，并用高压水将氧化铁皮清除。立辊式除鳞机在对板坯宽度进行侧压的同时，通过侧压力的作用使板坯表面的氧化铁皮破碎，再用高压水将氧化铁皮清除。

高压水除鳞装置不用机械设备对板坯进行压下，只用高压水清除板坯表面的氧化铁皮。粗轧高压水除鳞装置位于加热炉和第 1 架粗轧机之间。常用除鳞水压为 15~22MPa。与辊式除鳞机相比，粗轧高压水除鳞装置结构简单，设备质量轻，清除氧化铁皮效果好，应用广泛。

典型的粗轧高压水除鳞装置如图 1-12 所示。

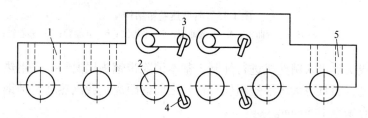

图 1-12　典型的粗轧高压水除鳞装置
1—除鳞装置入口；2—除鳞辊道；3—上除鳞集管；4—下除鳞集管；5—除鳞装置出口

D　保温装置

保温装置位于粗轧与精轧之间，用于改善中间带坯温度均匀性和减小带坯头尾温差。采用保温装置，不仅可以改善进精轧机的中间带坯温度，使轧机负荷稳定，有利于改善产品质量，扩大轧制品种规格，减少轧废，提高轧机成材率，还可以降低加热板坯的出炉温度，有利于节约能源。

常用的保温装置主要有保温罩和热卷箱，其共同的特点是，不用燃料，保持中间带坯温度，但设备结构大相径庭。

保温罩布置在粗轧与精轧机之间的中间辊道上，一般总长度有 50~60m，由多个罩子组成，每个罩子均有升降盖板，可根据生产要求进行开闭。罩子上装有隔热材料，罩子所在辊道是密封的。中间带坯通过保温罩，可大大减少温降。

典型的热卷箱如图 1-13 所示，中间带坯沿入口辊的上表面进入热卷箱，首先由弯曲辊弯曲，依靠第一个托送辊和成卷辊形成板卷内孔，卷取的板卷落在第一组托送辊上。当中间带坯尾端进入热卷箱后，停止卷取，板卷反转由剥头推杆将头剥下，送入夹送辊，再由夹送辊送入切头飞剪和精轧机组。整个卷取过程是无芯的，定位卷筒的作用是在完成上述动作后，将板卷由热卷箱移出到第二对托辊上，热卷箱准备接受下一块料。

我国热轧宽带钢轧机中间带坯采用保温罩的有宝钢 2050mm、宝钢 1580mm、鞍钢 1780mm。

热卷箱布置在粗轧机之后，飞剪机之前，采用无芯卷取方式将中间带坯卷成钢卷，然

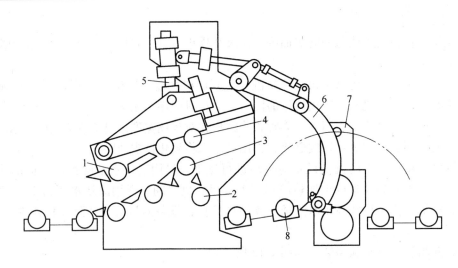

图 1-13　典型热卷箱结构

1—入口导辊；2—成型辊；3—下弯曲辊；4—上弯曲辊；5—平衡缸；6—开卷臂；7—移卷辊；8—托卷辊

后带坯尾部变成头部进入精轧机进行轧制，基本消除带钢头尾温差。采用热卷箱，不仅可保持带坯的温度，而且可大大缩短粗轧与精轧之间的距离。我国热轧宽带钢轧机中间带坯采用热卷箱的有攀钢 1450mm。

1.3.1.4　粗轧机操作

A　操作人员岗位职责

（1）负责轧机开车前的设备检查。

（2）负责轧机的试车、轧制。

（3）负责轧辊的更换和更换前的检查，轧机冷却水的停、送，轧机导卫的在线调整。

（4）负责从加热炉到切头锯之间所有辊道的停送电。

（5）负责操作粗轧机、辊道、高压水除鳞机等设备。

（6）对中间坯的质量负责，贯彻按炉送钢制度。

（7）负责本岗位的突发事故。

B　操作规程

a　交班

（1）将本班的生产质量情况、设备运转状况、轧制异常情况及轧制规程修改情况等如实填写在交接班记录上。

（2）对各类报表整理好，以备上交或留存。

b　接班

（1）接班人员提前 15min 到岗，了解上班的生产情况及本班的生产安排。

（2）了解上班的设备运转情况及异常情况处理，对轧制联锁条件、安全装置、报警装置进行确认。

（3）对各类报表、技术通知单的交接确认。

（4）交接班必须是岗位交接，实物交接，现场交接，对口交接，重点项目交接。

c 轧前检查

（1）各机旁箱从"关闭—打开"状态。

（2）轧辊、接轴是否处于轧制平衡状态。

（3）接轴叉板、轧辊释放、接轴定位器、辊道提升是否处于回缩状态。

（4）轧辊、压下、推床、翻钢机、辊道运转是否正常，有无异常声音。

（5）夹持板是否关闭。

（6）导卫状况是否良好。

（7）两侧辊缝差、推床开口度、轴向调整是否在精度允许范围内。

（8）冷却水是否正常。

（9）各类管线连接是否良好。

（10）高压水除鳞机是否正常。

（11）相关操作牌是否在操作室。

（12）计算机、液压、润滑等辅助系统是否正常。

（13）辊道上无杂物。

d 启动设备

（1）打开轧机冷却水，水压约 0.2MPa，水温不高于 35℃且畅通。

（2）确认高压水除鳞喷水压力 16MPa，水温不高于 35℃且畅通。

（3）条件具备，鸣笛并观察轧机周围无人后，方可启动轧机。

e 轧机操作

轧机操作有自动、半自动、手动三种操作模式。

（1）自动操作模式下的全道次自动。选择手动翻钢：在此模式下，如本道次需翻钢，当轧件完成上一道次轧制，停在推床内时，操作者进行手动翻钢，翻钢后手动按下"对中"按钮，孔型对中后，开始轧制。在不翻钢道次一切动作均自动完成。

（2）自动操作模式下的单道次自动。选择手动翻钢：当上一道次完成后，轧件停在推床内，操作者进行手动翻钢，然后按下"对中"按钮，孔型对中后，开始轧制。

（3）自动操作模式下的手动干预：

1）干预压下：在自动模式和半自动模式下都不能对压下进行干预，只有将模式换为手动，用压下手柄干预才是有效的。

2）干预轧机速度：轧件的咬入、轧制、抛出速度均可用脚踏开关直接进行干预，同时模式自动转换为半自动。

1.3.2 精轧机组

1.3.2.1 概述

精轧机组布置在粗轧机组中间辊道或热卷箱（Coil-box）的后面。它的设备组成包括切头飞剪前辊道、切头飞剪侧导板、切头飞剪测速装置、边部加热器、切头飞剪及切头收集装置、精轧除鳞箱、精轧机前立辊轧机（F1E）、精轧机、活套装置、精轧机进出口导板、精轧机除尘装置、精轧机换辊装置等。

精轧机是成品轧机，是热轧带钢生产的核心部分，轧制产品的质量水平主要取决于精轧机组的技术装备水平和控制水平。因此，为了获得高质量的优良产品，在精轧机组大量地采用了许多新设备、新技术、新工艺以及高精度的检测仪表，例如热轧带钢板形控制设备、全液压压下装置、最佳化剪切装置、热轧油润滑工艺等。另外，为了保护设备和操作环境不受污染，在精轧机组中设置了除尘装置。

板坯经粗轧机轧后，中间坯厚度一般为 50mm 以下，特殊产品也有到 60mm。中间坯的头尾部分，因处于自由状态，均出现不同程度、不规则的鱼尾或舌头形状。不规则的头尾形状，在通过精轧机组或进入卷取机的穿带过程中，容易发生卡钢事故，同时，因头尾温度偏低，在轧辊表面易造成辊印，影响带钢表面质量。为防止上述问题的发生，带坯头尾需用切头飞剪剪去 100 ~ 150mm 的长度。剪切后的带坯经过精轧除鳞箱，用 15.0 ~ 17.0MPa 的高压水清除带坯表面的氧化铁皮，然后进入精轧机组，轧制成要求的带钢尺寸。

对于一些特殊品种，例如硅钢、不锈钢、冷轧深冲钢等，中间坯在进入精轧机组前，一般对带坯边部进行加热，使带坯在横断面上中部和边部温度均匀一致，从而获得金相组织和性能完全一致的带钢，同时也避免了边部温度低造成的边裂和边部对轧辊的严重不均匀磨损。

带坯除去氧化铁皮后，经侧导板导入精轧机前立辊轧机（F1E）或精轧机，并依次通过精轧机组各轧机，获得所要求的带钢厚度。出精轧机组的带钢，沿输出辊道送往卷取机，在输出辊道的上下方，设有带钢冷却装置，该装置将带钢冷却到要求的卷取温度，然后带钢进入卷取机卷成钢卷。

精轧机组是决定产品质量的主要工序。例如：带钢的厚度精度取决于精轧机压下系统和 AGC 系统的设备形式；板形质量取决于该轧机是否有板形控制手段和板形控制手段的能力，老轧机是通过调节精轧机各架的负荷分配及多种轧辊辊形来获得较好的板形，新轧机是通过控制板形的机构，在轧制过程中适时控制板形变化，获得好的板形，如 PC 轧机、CVC 轧机、WRB 轧机等；带钢的宽度精度主要取决于粗轧机，但最终还要通过精轧机前立辊的 AWC 和精轧机间低惯量活套装置予以保持；平整光洁的带钢表面是通过精轧除鳞箱，F1 与 F2 轧机后除鳞高压水彻底清除二次氧化铁皮以及通过在线磨辊装置（ORG）或工作辊轴移（WRS），消除轧辊表面不均匀磨损和粗糙表面而获得的；带钢的力学性能主要取决于精轧机终轧温度和卷取温度。随着对带钢性能要求的多样化、高层次化，不仅从材料成分方面考虑，同时还从轧制温度着手进行控制，使带钢的终轧温度和卷取温度始终保持在要求的一定范围内。终轧温度要保持在单相奥氏体或铁素体内，避免产生复合晶粒，导致硬度、伸长率等性能不合要求。卷取温度也一样，应根据钢种和用途不同，控制在 400~750℃ 之间的某一温度。为使终轧温度保持在固定范围内，精轧机采用了升速轧制工艺或者热卷箱恒速轧制工艺，它们均能使终轧温度变化保持在±20℃内，从而获得均匀一致的力学性能。

1.3.2.2 精轧机组布置

精轧机组的布置有多种形式，在我国的热轧带钢轧机中，精轧机组的布置主要有 5 种，如图 1-14 所示。在图 1-14（a）种布置中，有的工厂在飞剪前设有热卷箱，如攀钢 1450mm 轧机、鞍钢 1700mm 轧机改造后的精轧机组。

在图 1-14（c）种布置中，有的工厂将 F0 布置在飞剪前面。

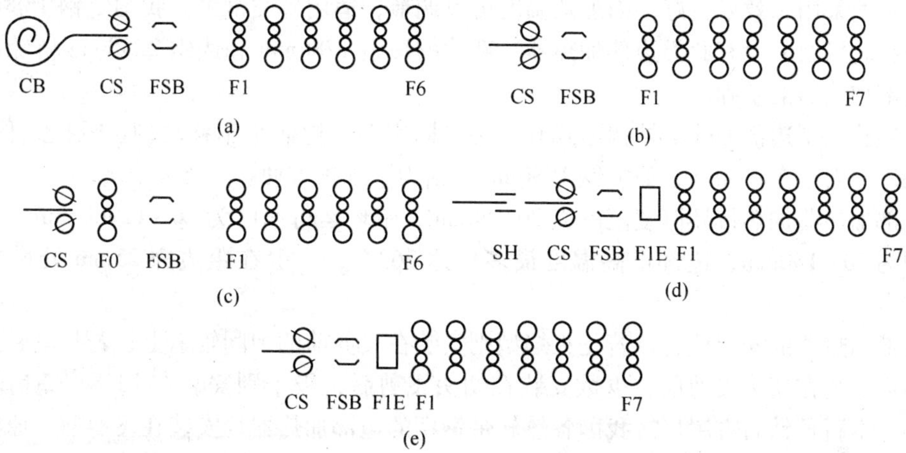

图 1-14　精轧机组的布置

对于精轧机组中精轧机数量的确定，有多种影响因素。主要因素有产品规格及数量、轧机能力、轧制速度、设备费用、飞剪能力、产品质量等。

第一代热轧带钢轧机，由于产量低、卷重小、轧制速度低，精轧机多数采用 6 架，有的采用 4 架或 5 架。我国当时建设的鞍钢 1700mm 半连轧和攀钢 1450mm 半连轧、上海 2300/1200mm 半连轧均属该类轧机，精轧机组布置同属图 1-14（a）类。

在 20 世纪 60 年代后，为了提高轧机生产能力，提高卷重，增大精轧机速度，满足大卷重的需要，精轧机列用 7 架布置。我国武钢 1700mm 热连轧、本钢 1700mm 热连轧均属此类轧机，精轧机组布置属图 1-14（b）类布置。

由于用户对热轧带钢质量要求愈来愈高，特别是生产薄规格产品、深冲用汽车板，生产厂为了提高成材率，提高产品质量，增大市场竞争能力，对精轧机组的布置不断进行完善。20 世纪 80 年代后建设的新热带钢轧机精轧机组的布置属（d）或（e）类布置。我国宝钢 2050、1580mm，鞍钢 1780mm 精轧机组均属此类布置。

对于旧轧机的改造，为了增加产量，提高卷重，增大中间带坯厚度，保证终轧温度，精轧机组的布置采用（a）类或（c）类布置。（a）类布置是在切头飞剪前增设热卷箱，我国攀钢 1450mm、鞍钢 1700mm 精轧机组即属此类布置。（c）类布置是在切头飞剪前面或者后面增设轧机，相当于精轧机组为 7 架轧机。太钢 1549mm、梅钢 1422mm 精轧机组均属此类布置。

1.3.2.3　精轧机组设备

A　边部加热器

边部加热器的功能是将中间带坯的边部温度加热补偿到与中部温度一致。带坯在轧制过程中，边部温降大于中部温降，温差大约为 100℃。边部温差大，在带钢横断面上晶粒组织不均匀，性能差异大，同时，还将造成轧制中边部裂纹和对轧辊严重的不均匀磨损。

边部加热器的形式有两大类。一类是保温罩带煤气烧嘴的火焰型边部加热器，这种边部加热器在国外生产硅钢的热带轧机精轧机组前可见。比如日本的八幡厂，意大利的特尔尼厂均有这种形式的边部加热器。另一类是电磁感应加热型边部加热器，这种边部加热器在国外普遍采用，效果更好，因加热温度可以调节，适用各类钢种。我国宝钢 1580mm 热带轧机精轧机组，设有此类边部加热器。新建的鞍钢 1780mm 和武钢 2250mm 精轧机组预留了边部加热器的基础。

电磁感应型边部加热器结构形式有三种：固定型、地面小车移动型、悬挂式移动型。普遍采用地面小车移动型，如宝钢 1580mm，因为它维护方便。

边部加热器加热带坯厚度范围为 20~60mm，带坯运行速度为 20~120m/min，边部加热范围为 80~150mm，边部增高温度最多可达 263℃，一般在距边部 25mm 处增加温度 80℃左右。

边部加热器的安装位置，若是火焰型则安装在飞剪前的中间辊道上；若是电磁感应型则大多数安装在切头飞剪前，少数安装在切头飞剪后，极个别安装在 F1 和 F2 精轧机之间，如日本新日铁名古屋厂。我国各热轧带钢厂的边部加热器均安装在飞剪前，原因是此处环境条件好。

边部加热器加热的钢种主要有冷轧深冲钢、硅钢、不锈钢、合金钢等。

电磁感应边部加热器是一个机电一体化设备，由一台 PLC 微机控制，与 SCC 相连。该设备包括供电、变频、冷却等辅助设备，是一个独立的单元，全自动化运行。

B　切头飞剪

切头飞剪位于粗轧机组出口侧，精轧除鳞箱前。它的功能是将进入精轧机的中间带坯的低温头尾端和形状不良的头尾端剪切掉，以便带坯顺利通过精轧机组和输出辊道，送到卷取机，防止穿带过程中卡钢和低温头尾在轧辊表面产生辊印。

热轧带钢轧机的切头飞剪，一般采用转鼓式飞剪，少数采用曲柄式飞剪。转鼓式飞剪又分为单侧传动、双侧传动和异步剪切三种形式，它们的主要优点是结构较简单，可同时安装两对不同形状的剪刃，分别进行切头、切尾。曲柄式飞剪的主要优点是剪刃垂直剪切，剪切厚度范围大，最厚可达 80mm，缺点是只能安装一对直刃剪。

转鼓式飞剪结构在不断改进，最初的转鼓式飞剪是单侧传动，因当时中间坯厚度小，材质较软，剪切效果较好。随着中间带坯厚度不断增大，材料强度提高，单侧传动剪切出现扭曲，剪切质量不好，为此，在转鼓两侧均采用齿轮传动，减小了转鼓剪切时的扭曲，提高了剪切质量。异步剪切即为上下转鼓刀刃的线速度不一致，上刀刃比下刀刃线速度快。实现异步剪切的方法是上转鼓直径大于下转鼓直径约 5.6%，两转鼓的角速度相同，形成异步剪切。该剪切方式的主要优点是剪切断面质量好，剪切带坯厚度可增大到 60mm，避免了因剪刃磨损、剪刃间隙增大而剪不断的事故。一般剪断机剪刃间隙在剪切过程中是不变化的，为一个固定值，而异步剪切的剪刃间隙是变化的，由正间隙变为零，然后变为负间隙，所以避免了剪不断的情况。

我国现行生产热轧带钢轧机的切头飞剪，除宝钢 2050mm 采用曲柄式飞剪外，其余全部为转鼓式飞剪。其中，宝钢 1580mm、鞍钢 1780mm 轧机切头飞剪为转鼓式异步剪切飞剪。

C　精轧机前立辊轧机（F1E）

精轧机前立辊轧机附着在 F1 精轧机前面，它的主要功能是进一步控制带钢宽度。该轧机具有一定的控宽能力，它的侧压能力最大可达 20mm（带坯厚度为 60mm），轧制力最大可达 1MN。在该轧机上配置了 AWC 的反馈功能、前馈功能以及卷取产生缩颈的补偿功能。

F1E 立辊轧机距 F1 轧机中心线约 2800mm。轧机结构为上传动，由两台卧式电机经减速机与十字型传动轴相连，传动轧辊。轧辊由两台电机经减速机与螺丝螺母相连，通过丝杆调节轧辊开口度。在丝杆端部与立辊轴承箱之间设有 AWC 油缸，实现带钢宽度的自动控制。

我国现有的热轧带钢轧机精轧机组，除宝钢 1580mm、鞍钢 1780mm 设有立辊轧机并具有 AWC 功能外，其他热带钢轧机均未设置带 AWC 功能的立辊轧机。

D 精轧机设备

a 传动装置

传动装置是将电动机转矩传递给工作轧辊的机械设备。其传递过程如下：电动机—减速机—中间轴—齿轮机座—传动轴—工作轧辊。

减速机一般设在精轧机组的前 3 架轧机，减速比一般在 1∶5~1∶1.8 之间。精轧机组后 4 架一般为直接传动，但也有少数轧机仍采用减速机。在我国，精轧机组前 3 架减速比在 1∶6.85~1∶1.97 之间（宝钢的 2030mm 轧机），在 F4、F5 轧机上仍有减速机，其减速比为 1∶1.78 和 1∶1.3。减速机对传动系统的响应速度有影响，应减少有减速机的机架，但是采用减速机可以减少主电机的规格数量，可减少备件，扩大主电机共用性，还可降低主电机造价。因此，带减速机的机架数量，应根据具体条件来确定。

齿轮机座是将减速机或者主电机提供的单轴转矩分配给上下工作辊的装置。它由一组两个相同直径的人字齿轮构成，齿轮比为 1∶1。对成对交叉轧机（PC）而言，齿轮座上下齿轮轴的中心线不在同一垂直平面内，有一个偏角。新近还出现了上下工作辊单独传动的精轧机，没有齿轮机座，此种传动方式的精轧机可实现精轧异步轧制。

传动轴是将齿轮机座分配的双轴转矩，分别传递给上下工作辊的装置。传动轴有十字形、偏头形、齿形三种。旧轧机传动轴均用扁头形传动轴，随着轧制速度的增高，精轧机后段传动轴将扁头形改为齿形，保证了传动系统的平稳运行。新轧机由于中间坯增厚，轧机负荷增大，精轧机传动轴广泛采用十字形接手和齿形接手。

b 压下装置

压下装置是调整工作辊辊缝的装置，有两种形式：电动压下装置和液压压下装置。20世纪 80 年代前的热轧带钢轧机，基本上全部为电动压下装置，极少数为液压压下装置。在 90 年代建设的新热带钢轧机，基本上采用液压压下装置，少数轧机采用电动压下+液压 AGC 装置。

电动压下装置是将螺母固定在牌坊横梁上，压下螺丝是通过轧机平台上的电动机、减速机、蜗轮蜗杆减速机进行传动。两侧牌坊上的压下经离合器进行连接，因此可单侧或两侧同时动作。电动压下装置因齿轮系统多、速比大，而传动效率低、齿间隙多、系统惯性大、响应速度慢，加速度小，所以控制精度较低。为了获得高精度的辊缝控制值，在压下螺丝和支撑辊轴承座之间增设一个液压压下缸，此液压缸通过内藏式高精度磁尺和液压伺服系统，获得高响应性及高精度的位置控制，即为液压 AGC 装置，使板厚精度大幅度提高。压下装置如图 1-15 所示。

液压压下装置直接通过安装在牌坊上横梁与轴承座之间的液压缸进行轧辊位置控制。

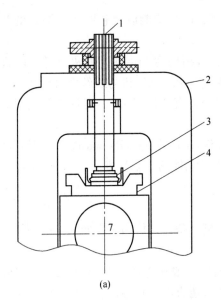

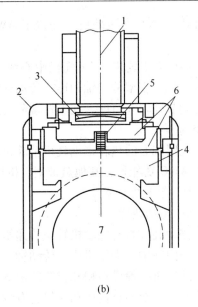

　　　　　(a)　　　　　　　　　　　　　　　　　(b)

图 1-15　压下装置

(a) 电动压下装置；(b) 液压压下装置

1—压下螺丝；2—牌坊；3—压力块；4—支撑辊轴承座；5—磁尺；6—液压缸；7—支撑辊

液压缸的行程有 3 种：短行程（小于 50mm）、中行程（小于 200mm）、长行程（大于 200mm）。短行程仅作为 AGC 功能之用。中、长行程除了有 AGC 功能之外，还承担辊缝预设定功能。液压压下装置比电动压下装置机构大为简化，而控制精度比电动压下装置大幅度提高。

　　E　精轧机前后装置

　　精轧机前后设备主要包括入口侧导板、入口出口卫板、轧辊冷却水及机架间冷却装置、除鳞装置、在线磨辊装置（ORG）、热轧工艺润滑装置等。除在线磨辊装置（ORG）属于 PC 轧机专配设备外，其他装置均属所有热带轧机的共有装置。精轧机导卫装置布置图如图 1-16 所示。

　　在线磨辊装置（ORG）布置在上、下工作辊入口侧的卫板上，由液压缸驱动。磨削轧辊的砂轮有传动和非传动之分。传动型是油缸马达带着砂轮转动磨削轧辊；非传动型是砂轮不主动转动而是由轧辊带着砂轮转动进行磨削，因此传动型磨削效果好。传动型和非传动型的砂轮都是在油缸带动下沿轴线往复移动磨削。在线磨辊可在轧制中进行，也可在不轧钢时进行磨削。目前，在线磨辊的闭环模型还是经验模型，对轧辊的不均匀磨损还不能在线检测，轧辊不均匀磨损的在线检测还在开发和试验中。宝钢 1580mm 轧机在线磨辊是非传动型，鞍钢 1780mm 轧机在线磨辊是传动型。

　　在线磨辊装置的主要功能是消除轧制中轧辊表面的不均匀磨损，保持轧辊表面光洁平滑，实现自由程序轧制。

　　a　活套装置

　　活套装置设置在两架精轧机之间，它的作用是：（1）消除带钢头部进入下机架时产生的活套量；（2）轧制中通过活套装置的角位移变化吸收张力波动时引起的套量变化，维持恒张力轧制；（3）对机架间的带钢施加一定的张力值，保持轧制状态稳定。

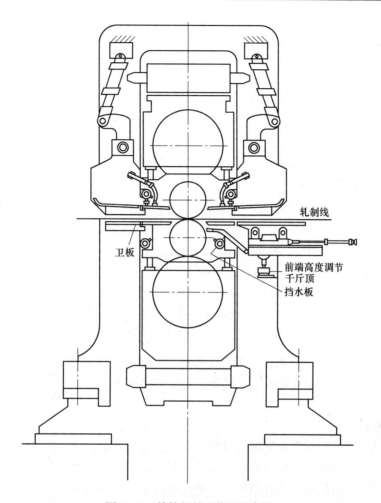

图 1-16 精轧机导卫装置示意图

活套装置有 3 种形式：气动型、电动型、液压型，目前使用最普遍的是电动型和液压型。我国热带轧机精轧机组的活套装置有液压型和电动型。

活套装置要求响应速度快、惯性小、启动快且运行平稳，以适应瞬间张力变化。气动型活套装置现已基本淘汰。电动型活套装置为减小转动惯量，提高响应速度，由过去带减速机改为电机直接驱动活套辊，电机也由一般直流电机改为特殊低惯量直流电机。有的厂家为进一步提高活套响应速度采用了液压型活套，由液压缸直接驱动活套辊，如武钢2250mm 精轧机活套为液压活套。

随着机架间张力控制技术的进步，部分机架采用微张力无套轧制和张力 AWC 控制。如宝钢 2050mm 精轧机组 F1-F2 机架就采用了上述张力控制技术。活套装置的结构如图 1-17 所示。

b 精轧机间带钢冷却装置

精轧机间带钢冷却装置简称机架间冷却装置。该装置的主要功能是控制终轧温度，保证精轧机终轧温度控制在±20℃之内。

机架间冷却装置是布置在机架出口侧的上下两排集管，集管上装有喷嘴，每根集管的

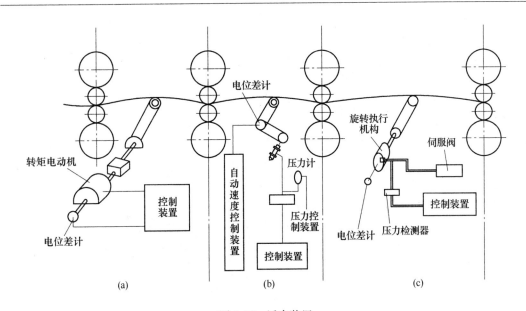

图 1-17　活套装置
（a）电动活套；（b）气动活套；（c）液压活套

流量大约为 $100\sim150m^3/h$，水压一般与工作辊冷却水相同。也有的轧机将集管布置在轧机入口侧。为了防止冷却水进入下一机架，在冷却集管处还安装了一个侧喷嘴，清扫带钢表面的水和杂物等。

　　c　润滑油轧制

在精轧机组中采用润滑油轧制的目的是为了降低轧制力，减少轧制能耗，减少轧辊磨损，降低辊耗，改善轧辊表面状态，提高带钢表面质量。

轧制时润滑油的供油方式有两种：一是直接供油，二是间接供油。直接供油是润滑油通过毛毡之类物品将油涂在轧辊上，或者通过喷嘴将油直接喷在轧辊表面上，工作辊、支撑辊均可喷油，直接供油法耗油量大。间接供油方式是采用油水混喷方式或蒸汽雾化喷吹方式。蒸汽雾化是用高压蒸汽将轧制油雾化，经喷嘴向轧辊表面喷涂。雾化方式的油浓度约为 7%～10%。油水混喷方式是在供油管的中途加入水，使油水混合，将混合后的油水用喷嘴喷向轧辊表面。油水混喷油浓度大约为 0.1%～0.8%。

润滑油喷嘴与轧辊冷却水必须用截水板分开（即入口上下卫板分开）。喷嘴安装位置在入口侧，混合油用水为过滤水，润滑油因轧辊材质不同应有区别。一般前 3 架为 1 种油，后 4 架为另 1 种油。

根据各种润滑方式使用结果的分析可以看出，间接供油方式比直接供油方式效果好，又省油，因此使用较普遍。我国宝钢 1580mm 和鞍钢 1780mm 精轧机组的润滑油轧制，均为间接供油的油水混合方式。

润滑油轧制的好处表现在以下几个方面：（1）减少轧辊磨损，降低轧辊单耗，延长换辊周期和轧制公里数。轧辊消耗量可降低 40%～50%，轧制公里数可增加 20%～40%。（2）降低轧制力，减少电能消耗并可实现更薄规格带钢的轧制。轧制力可降低 8%～15%，电流降低 8%左右。（3）改善轧辊表面状况，提高带钢表面质量。

1.3.2.4 精轧机组板形控制

在 20 世纪 80 年代以前, 精轧机组均采用四辊式轧机。之后, 由于市场对带钢的板形质量要求愈来愈高, 为了适应市场需要, 增大板形控制能力, 实现自由程序轧制技术, 研制出了许多新型轧机, 如工作辊和中间辊可轴向移动的六辊轧机 (HC)、成对轧辊交叉轧机 (PC)、连续可变凸度轧机 (CVC)、弯辊和轴向移动轧机 (WRB+WRS) 以及支撑辊凸度可变轧机 (VC) 等。因此精轧机组出现了单一或多种轧机形式的组合, 比如, 四辊轧机与 HC 轧机组合; 四辊轧机与 PC 轧机组合、弯辊轧机 WRB 组合; CVC 与 WRB+WRS 组合等。

1.3.2.5 精轧机组除尘装置

在精轧机组的后段, 由于轧制速度高, 氧化铁皮颗粒微小, 在轧制时形成烟尘, 影响仪表正常工作, 同时污染了生产操作环境。因此, 在精轧机组后段大多数设有除尘装置。

除尘装置的形式有多种, 有喷淋除尘、湿式气泡除尘、湿式电除尘、塑烧板式除尘等。

1.3.2.6 精轧机操作

A 开机与停机步骤

a 开机

(1) 正常开机 (主要指的是检修后的开机):

1) 检查设备是否具备开轧条件 (电气、设备、液压、润滑是否到位)。

电气: 是否供电, 各检测仪表信号是否正常, 是否在轧钢检测位置。

设备: 液压缸、弯辊缸、窜辊缸正常, 侧导板、水切板、活套、水系统等处于工作状态。

液压: 伺服阀正常, 液压管道无漏油。

润滑: 各设备润滑到位。

2) 所有设备标定完成。

3) 开工作辊、支撑辊冷却水。

4) 压下做轻压力, 信号到后, 转车标定清零。

5) 所有条件投自动, 准备轧钢。

(2) 换工作辊后的开机:

1) 装工作辊完成后, 打开轧辊冷却水;

2) 轧机做轻压力、转车标定清零;

3) 活套标定, 除鳞投自动;

4) 轧机运行至等待速度;

5) 所有条件全部投自动, 准备轧钢。

(3) 异常停车开机 (主要指的是处理完废钢后的开机):

1) 确认快停按钮复位;

2) 处理完废钢后对现场设备进行认真检查;

3）将轧机做轻压力（根据现场情况也可标定清零）；

4）将轧机运行至等待速度；

5）所有条件全部投自动，准备轧钢。

b　停机

（1）正常条件：

1）抬压下，压下至上极限；

2）窜辊对中；

3）停轧机；

4）活套上升；

5）关轧辊冷却水。

（2）异常停机：

1）当现场轧制出现事故时，操作人员立即拍快停停车；

2）拍快停后，所有轧机停车并且有钢的轧机辊自动抬起；

3）现场与台上配合处理废钢。

B　备辊操作规程

a　工作辊备辊操作规程

（1）备辊前确认：

1）核对新辊径、辊号、轴承箱号及辊型；

2）检查辊面质量；

3）检查轴承箱衬板及辊头是否涂油；

4）检查轴承箱锁紧装置是否到位；

5）检查轧辊扁头是否垂直；

6）检查上下辊是否落放到位；

7）检查换辊小车辊道上有无杂物。

（2）操作：

1）操作侧移平台，并确认是否到位；

2）操作换辊小车推新工作辊到位，确认换辊小车挂钩上升后，操作换辊小车后退至极限；

3）所有工作辊全运送到位，并确认换辊小车全到后退极限；

4）操作侧移平台使新工作辊在轧机的右侧。

b　支撑辊备辊操作规程

（1）备辊前确认：

1）核对新辊径、辊号、轴承箱号及辊型；

2）检查辊面质量；

3）检查轴承箱衬板是否涂油；

4）检查油管接口是否正常；

5）检查换辊板凳、钢丝绳、工字钩及支撑辊专用夹钳是否完好。

（2）操作：

1）指吊天车将新支撑辊放至指定位置；

2）指吊天车将专用夹钳放在固定位置。

C　工作辊换辊操作规程

a　换辊前准备

（1）确认新辊径、轧辊辊面状况，核对已放在磨辊间轨道上的工作辊径与磨辊间送来辊径是否一致，若不符，通知磨辊间重新确认修改。

（2）台下检查磨辊间送过来的工作辊下辊的柱与上辊的销孔是否对好，若对好，再手动把上、下工作辊扁头对中到垂直位置；若柱销没对好，通知磨辊间处理。

（3）工作辊换辊列车横移，使新辊位对准轧机窗口。

（4）开动换辊电动小车，将磨辊间的新辊推到横移列车的新辊位上。

（5）电动小车摘钩后离开横移列车。

（6）横移小车横移，使旧辊位对准轧机窗口。

（7）AGC 液压缸卸压。

（8）CVC 归零位。

（9）主传动到垂直位。

（10）冷却水自动关掉。

（11）弯辊切换到换辊系统。

（12）活套自动升起。

（13）停轧机。

（14）对工作辊扁头，需现场操作工确认对中到位。

b　换辊

（1）入、出口导板"出"（F1 入口导板除外）。

（2）入、出口水切板"出"，确认到位。

（3）移动垫板拉出到工作辊换辊位。

（4）上支撑辊和上工作辊上升到位。

（5）工作辊平衡自动切换到位。

（6）换辊小车的推拉杆进一步前进到机架，勾头勾住下工作辊轴承座到位。

（7）下工作辊轴抱到位，信号给出现场确认到位。

（8）下工作辊锁紧块打开到位。

（9）下工作辊自动拉出到上工作辊销孔对准位。

（10）放下上工作辊，此步骤必须人工确认上工作辊的孔正好落到下工作辊的销上到位，否则有可能发生掉辊事故。

（11）上工作辊轴抱抱住到位，信号给出。

（12）打开上工作辊锁紧块，信号给出。

（13）拉出旧辊到边部位，当旧辊到边部位时，为了防止勾头不能自动抬起，可以人工抬起，推拉杆回到位，信号给出。

（14）工作辊稍微向前以使勾头抬起脱离轴承座，如不能抬起，采用人工处理方法。

（15）工作辊换辊小车完全退出横移列车，信号给出。此步必须确认换辊小车退出横移列车，否则会联锁横移平台动作。

到此时，假如要进行支撑辊更换，可以在这一步停止工作辊换辊程序，转到支撑辊更换程序，当换完支撑辊后，假如要把旧工作辊推回机架，这种情况从第 21 步开始；假如换新辊，继续即可。

（16）横移平台移到粗轧方向，信号给出，须人工确认。

（17）工作辊换辊小车推起新辊进入到机架。

（18）上工作辊锁紧块锁紧到位。

（19）打开上工作辊轴抱到位。

（20）上工作辊升起到位。

（21）换辊小车推下工作辊入机架，到位，信号给出。

（22）下工作辊锁紧块合上到位，信号给出。

（23）下工作辊轴抱打开到位。

假如是推旧辊，必须人工抬起勾头，推新辊时为了防止勾头不能自动打起，也可以人工抬起。

（24）工作辊换辊小车回到磨辊间，信号给出。

（25）工作辊提升轨道放下到位。

（26）工作辊平衡切换到高压。

（27）上工作辊和上支撑辊放下 60mm。

（28）梯形止推块到 1 位。

（29）上工作辊和上支撑辊放下 105mm。

（30）梯形垫块到 2 位。

（31）升起上工作辊和上支撑辊到位。

（32）入、出口水切板"进"，现场确认到位。

（33）入、出口导板"进"，现场确认到位。

（34）换辊机架前活套"下降"，确认活套已下降。

（35）换完辊后，记得把横移平台移回到卷取方向，人工再确认所有设备到位，调好导板台高度，则换辊完成。

（36）压下做轻压力。

（37）打开轧辊冷却水，现场确认有水。

（38）转车，做压下标定。

（39）所有条件均投自动（压下、弯辊、速度、活套等）。

（40）确认具备轧钢条件。

D　支撑辊更换操作规程

该程序用人工模式。

a　准备工作

（1）操作工按照辊票核对辊号、辊径、轴承箱号。

（2）新辊辊身质量检查。

（3）对吊侧移平台的钢丝绳、卸扣、吊钩检查；检查运送支撑辊的专用夹钳及所需的换辊板凳。

（4）停介质系统。

（5）卸操作侧上和传动侧上、下油管。

（6）吊走小板盖。

（7）吊走大板盖。

（8）卸操作侧下油管。

b　操作

（1）切换梯形垫块到支撑辊更换位。

（2）支撑辊换辊推拉杆前进到机架（C 形勾必须先打起），到达后，再用 C 形钩卡住推拉杆头。

（3）下支撑辊锁紧块打开，人工确认到位。

（4）支撑辊推拉杆拉出下辊回原位。

（5）用天车吊来换辊鞍座放在下支撑辊上，该步必须非常小心。

（6）支撑辊推拉杆推起下支撑辊，连同在其上边的鞍座一起进入机架。

（7）放下上支撑辊到鞍座上，人工确认到位。

（8）上支撑辊锁紧块打开，人工确认到位。

（9）支撑辊换辊推拉杆拉出下支撑辊连同鞍座、鞍座上的上支撑辊一块回原位，该步须非常小心。

（10）用天车吊走鞍座上旧的上支撑辊，吊来新的上支撑辊，放在鞍座上，该步须小心。

（11）支撑辊推拉杆推下支撑辊连同鞍座、新上支撑辊一块入机架。

（12）上支撑辊锁紧关闭，人工确认到位。

（13）提升上支撑辊到平衡位置。

（14）支撑辊推拉杆拉下支撑辊连同其上鞍座回原位。

（15）用天车吊走鞍座，吊走下支撑辊，吊来新的下支撑辊。

（16）支撑辊推拉杆推动新下支撑辊入机架。

（17）下支撑辊锁紧块打入，人工确认到位，手动提起 C 形钩。

（18）支撑辊推拉杆回原位。

（19）上支撑辊放下。

（20）梯形垫块打到工作辊换辊位。

c　结束

指挥行车用支撑辊专用夹钳，将换辊板凳吊放到指定位置。

E　精轧压下标定操作规程

a　准备

（1）液压站、润滑站、冷却水都正常。

（2）现场各设备位置正常，信号也正常。

（3）窜辊在对中位。

（4）将轧机做轻压力。

（5）轧机正常运转。

（6）压下接触器已合上，仪表信号及 AGC 传感器正常。

b　操作方法

（1）自动标定：

1）调出标定机架压下详情画面。

2）刚换完支撑辊时，自动调平功能"选上"，如不是则不选。

3）点击"自动标定键"。（确认轧机升至标定速度后，压下开始，压至 200t 与 800t 时，压下自动调平，调平后再压至标定压力，辊缝清零，然后压下自动抬至 10mm 左右，如选择自动调平则辊缝不复位，否则辊缝自动复位至原来辊缝偏差，标定完成。）

（2）手动标定：

1）调出标定机架压下详情画面；

2）将轧机升至调零速度；

3）点击手动调零键，直至此键变黄；

4）手动压至标定压力手动点击轧制力；

5）如果压力偏差大于 30t 时，手动进行调平；

6）如手动完成不了时，可点击"允许"画面，再用诊断画面，查出原因。

F　精轧压下调整操作规程

a　准备

（1）压下标定已完成。

（2）台下设备位置，信号正常（工作辊/支撑辊平衡、提升轨道、接轴夹持、锁紧等）。

（3）压下接触合上。

（4）润滑系统正常。

（5）液压系统正常。

b　压下自动操作

（1）压下自动方式选上，画面确认。

（2）F1 轧机咬钢前核实辊缝的反馈位置与设定位置是否相符，画面确认。

（3）如未到位可在辊缝控制画面中，手动点击"增大或减小"来调整。

（4）核实设定压力是否正常，画面确认。

（5）监视通板及轧制中带钢厚度及板型情况。

（6）根据通板及轧制中带钢板型对负荷进行修正。

（7）在设定画面确认。

c　手动操作方法

压下在自动方式时，在辊缝控制画面及机架压下详情画面中可以用增大或减小来修正压下位置，自动方式不掉；手动修正时，监视画面压下到位时，位置显示为绿色，否则为黄色。

d　辊缝调平

（1）核实在通板中需要调整的机架。

（2）两边延伸不均时，以中心为基准进行水平调整。

注意现场画面变化及画面压下调整量。

1.3.3　辊道及带钢冷却装置

1.3.3.1　概述

辊道是热轧带钢厂中数量最多、应用最广、占地最大、运送板坯和带钢必不可少的辅助设备。辊道往往贯穿整个生产线，与生产工艺和生产率有直接关系。辊道的作用、布置形式、结构和传动方式也是多种多样，随其所在的主要设备的不同而有所差异。

带钢冷却装置是在线控制带钢卷取温度，使带钢获得良好力学性能的重要辅助设备。

通常，带钢冷却装置位于输出辊道上，所以带钢的冷却质量除了与冷却装置的结构和控制有关外，还与输出辊道的结构和控制紧密相关。

监视、控制辊道和带钢冷却装置的常用监控仪表有冷、热金属检测仪，测温仪，工业电视等。

1.3.3.2　辊道的作用和布置形式

根据工作性质的差异和所在位置的不同，热轧带钢厂辊道的作用和布置形式也是大相径庭。

A　作用

热轧带钢生产线上的辊道一般根据工作性质和所在位置的主要设备来分类，从板坯上料到带钢卷取通常分为：上料辊道、运输辊道、装炉辊道、出炉辊道、延伸辊道、工作辊道、中间辊道、输出辊道、机上辊道和特殊辊道。

辊道因种类的不同，其作用也有所不同，但主要作用有：（1）运送轧件；（2）辅助主要设备工作，将轧件运入或运出主要设备；（3）调节轧件温度。

B　布置形式

各个带钢厂热轧带钢生产线的辊道布置形式大同小异，一般辊道位于加热炉、粗轧机、精轧机和卷取机之间，以及卷取机上，主要差别在于辊道分组方式略有不同。

具有代表性的热轧带钢厂的辊道布置如图 1-18 和图 1-19 所示。

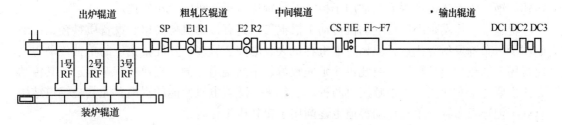

图 1-18　某 1580mm 热轧带钢厂辊道布置

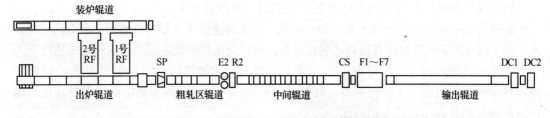

图 1-19　某 2250mm 热轧带钢厂辊道布置

1.3.3.3　辊道结构和传动方式

辊道的结构和传动方式与工作状态、负荷情况、环境状况及生产要求等有关。辊道的结构和传动方式不仅关系到设备的使用性和可靠性，而且对生产效率和产品质量有直接影响。

　　A　结构

　　热轧带钢厂的轧件质量大、温度高、氧化铁皮多，要求辊道结构既要抗冲击、耐高温、有利于氧化铁皮脱落，又要实现系列化、组合化，有利于维护检修和减少备品备件，降低生产成本。

　　辊道由辊子、辊道架、侧导板、盖板和传动装置组成。辊道的结构形式有固定辊道、升降辊道、倾斜辊道、旋转辊道和摆动辊道等。

　　辊子结构形状有实心辊、空心辊、圆盘辊。辊子材质有锻钢、铸钢、厚壁钢管、铸铁。辊子冷却方式有外部冷却、内部冷却、辊颈冷却。

　　辊道的结构与用途有关，如上料辊道、出炉辊道、粗轧机工作辊道，轧件运行速度慢，但温度高、冲击负荷大，通常采用实心锻钢辊；而输出辊道，轧件负荷轻，但运行速度快，辊子易磨损，通常采用表面喷涂空心锻钢辊或空心铸钢辊。大多数辊子采用外部冷却，只有特殊场合使用的辊子，才采用内部冷却或辊颈冷却。

　　B　传动方式

　　辊道的传动方式分为集体传动和单独传动。

　　辊道集体传动是由 1 台电动机通过减速机和分配机构传动 1 组辊子，具有相对电机容量小、电控装置少、防止轧件打滑性能好等优点，但传动机构复杂、占地面积多、设备质量大。

　　集体传动辊道的分配机构主要有圆锥齿轮箱和圆柱齿轮箱两种，其分配机构与辊子的连接方式又有与辊子直接相连的传统式和分配机构与辊子之间通过联轴器连接的改进型。热轧带钢厂的集体传动辊道通常用于板坯上料辊道、粗轧机区工作辊道。

　　辊道单独传动是由四台电动机传动 1 根辊子，具有传动机构简单、设备质量轻、占地面积少、布置灵活等优点，但相对电机容量大、电控装置多。热轧带钢厂的单独传动辊道通常用于加热炉出炉辊道、粗轧机区延伸辊道、中间辊道、输出辊道和特殊辊道，其传动方式主要有带减速机和不带减速机两种。近年来，随着电机性能的提高，尤其是辊道结构有利于侧导板布置，单独传动辊道也逐渐用于粗轧机工作辊道。

1.3.3.4　辊道速度的确定和控制

　　辊道速度的确定和控制与生产工艺和前后的主要设备有关。

　　辊道速度控制方式分为调速和不调速两种。辊道调速方式主要有直流调速和交流变频调速。因交流变频调速装置比直流调速装置简单，所以交流变频调速辊道的应用越来越广泛。

　　调速辊道的控制方式主要取决于生产工艺要求，比如加热炉装炉辊道要求定位精度高，可逆式粗轧机前后工作辊道要与轧制方向和速度一致，中间辊道需要有游动功能，输出辊道要与精轧和卷取速度相匹配。

　　A　轧机前后辊道的速度确定

　　轧机前后辊道的速度，不仅与轧辊线速度有关，而且与轧制过程中的前滑和后滑有关。如果辊道速度与轧件速度不匹配，辊道与轧件之间产生相对滑动，就会出现轧件拖着辊道走或轧件冲击辊道的现象，造成轧件表面划伤，加剧辊道磨损。为了避免辊道与轧件之间产生相对滑动，轧机前后辊道的速度应考虑前滑和后滑，使之与轧机入口、出口轧件的速度同步。

轧机前后辊道速度与前滑、后滑的关系如下：

轧机入口轧件速度：$\qquad v_i = (1 - F_r)v_m$

轧机出口轧件速度：$\qquad v_0 = (1 + F_s)v_m$

式中　v_i——轧机入口轧件速度；

$\qquad v_0$——轧机出口轧件速度；

$\qquad v_m$——轧辊线速度。

$$F_r = 1 - (1 - R)(1 + F_s)$$
$$F_s = (v_0 - v_m)/v_m$$
$$R = (H_i - H_0)/H_i$$

式中　F_r——后滑率；

$\qquad F_s$——前滑率；

$\qquad R$——压下率；

$\qquad H_i$——轧机入口轧件厚度；

$\qquad H_0$——轧机出口轧件厚度。

轧机前后辊道速度的确定一般是以轧辊名义直径的线速度为基准，再根据轧辊最大和最小直径的线速度并考虑前滑、后滑进行修正。

B　输出辊道的速度控制

输出辊道的速度控制是热轧带钢轧机所有辊道的速度控制中最典型、最复杂的控制。输出辊道的速度控制不但涉及精轧速度和卷取速度，而且涉及轧制、卷取及辊道本身的加速和减速，其辊道速度的设定和控制精度直接关系到轧制和卷取能否顺畅，直接影响生产率和产品质量。

典型的输出辊道速度控制如图 1-20 所示，在精轧机末架轧机穿带和以第一加速度加速阶段，辊道速度高于轧制速度；当卷取机（DC）咬入后，轧机以第二加速度、第三加速度加速直至最大轧制速度，这期间辊道速度与轧制速度一致；当精轧机第二架（F2）抛钢时，轧制速度降低，辊道速度低于轧制速度；待精轧机末架抛钢前和抛钢后，轧制速度和卷取速度一致，辊道速度相对较低；接近带钢尾部卷取时，卷取速度降低，辊道速度加速上升，准备迎接第二根带钢，开始下一轮速度控制循环。

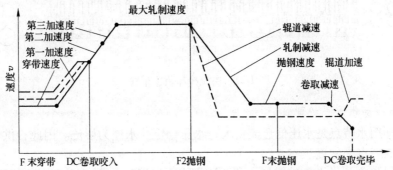

图 1-20　典型的输出辊道速度控制

1.3.3.5　辊道上的节能措施

轧件经辊道运送时，如果暴露在空气中，加上运送距离远，热量就容易损失。轧件轧制后，由于终轧温度较高，如果不控制冷却，就难以保证卷取温度和产品的力学性能。因此，为了充分利用轧件的热量，减少轧件热量损失，提高轧制温度或降低燃料消耗，保证卷取温度，改善力学性能，就应在辊道上采取相应的节能措施。

辊道上通常采取的节能措施有：中间辊道保温罩、辊子之间隔热、辊子内冷、输出辊道带钢控制冷却等。

1.3.3.6　带钢冷却装置

热轧带钢的终轧温度一般为800~900℃，卷取温度通常为550~650℃。从精轧机末架到卷取机之间必须对带钢进行冷却，以便缩短这一段生产线。从终轧到卷取这个温度区间，带钢金相组织转变很复杂，对带钢实行控制冷却有利于获得所需的金相组织，改善和提高带钢力学性能。

常用的带钢冷却装置有层流冷却、水幕冷却、高压喷水冷却装置等。高压喷水冷却装置结构简单，但冷却不均匀、水易飞溅，新建厂已很少采用。水幕冷却装置水量大、控制简单，但冷却精度不高，有许多厂在使用。层流冷却装置，设备多、控制复杂，但冷却精度高，目前广泛使用。

A　层流冷却装置

层流冷却装置位于精轧出口和卷取入口之间的输出辊道上，用于带钢控制冷却。层流冷却的水压稳定，水流为层流，通常采用计算机控制，控制精度高，冷却效果好。层流冷却装置主要由上集管、下集管、侧喷、控制阀、供水系统及检测仪表和控制系统组成。

上集管控制方式有：U形管有阀控制和直管无阀控制。两种控制方式都能满足控制要求，主要区别在于冷却水的开闭速度、结构和投资不同。U形管有阀控制冷却水的开闭速度比直管无阀控制冷却水的开闭速度慢，但其结构简单、投资少，所以U形管有阀控制应用较广。

层流冷却装置布置和上集管结构如图1-21和图1-22所示。

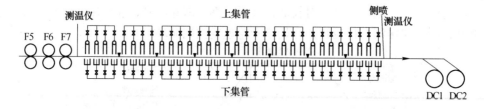

图1-21　层流冷却装置布置

B　层流冷却供水系统配置

层流冷却用水特点是水压低、流量大、水压稳定、水流为层流。因此，供水系统应根据层流冷却的特点来配置。

常用的层流冷却供水系统配置方式有：泵+机旁水箱、泵+高位水箱+机旁水箱、泵+减压阀。

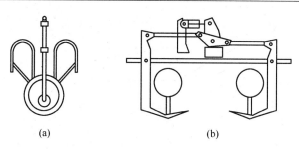

图 1-22 上集管结构

（a）U 形管组成；（b）直管无阀控制

泵+机旁水箱的供水系统，通过水箱稳定水压和调节水量，系统配置简单，节能效果明显。

泵+高位水箱+机旁水箱的供水系统，通过高位水箱调节水量，机旁水箱稳压，水压更稳定，节能效果明显，但系统配置复杂。

泵+减压阀的供水系统，水压相对稳定，水量不能调节，系统配置简单，但不节能。

通常供水系统选用的水泵电动机是电压高、功率大、启动时间长，不允许频繁启动。根据轧制品种规格合理配置层流冷却供水系统水箱，利用轧制间隙时间蓄水，调节带钢冷却的尖峰用水，相应把泵的能力减小，以节约能源。

C 冷却方式

层流冷却系统依据带钢钢种、规格、温度、速度等工艺参数的变化，对冷却的物理模型进行预设定，并对适应模型更新，从而控制冷却集管的开闭，调节冷却水量，实现带钢冷却温度的精确控制。

通常层流冷却装置分为主冷却段和精调段。典型的冷却方式有：前段冷却、后段冷却、均匀冷却和两段冷却。层流冷却的控制原理、冷却方式和冷却曲线如图 1-23~图 1-25 所示。

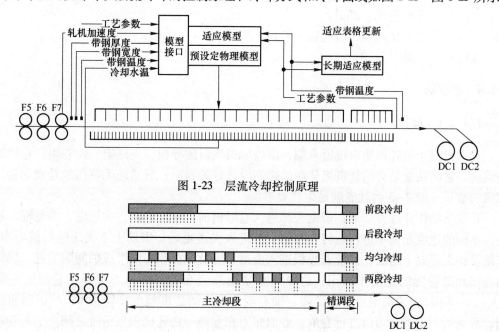

图 1-23 层流冷却控制原理

图 1-24 典型的层流冷却方式

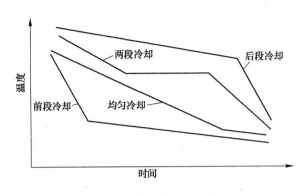

图 1-25　典型的冷却曲线

D　冷却水量计算

根据热量平衡原理，在忽略空气散热的情况下，层流冷却水带走的热量与带钢温降损失的热量相等。因此，层流冷却水量计算就与带钢和冷却水的参数有关，其计算公式为：

$$V_m = \frac{3.6bhv\rho_B c_B \Delta T_B}{\rho_W c_W \Delta T_W}$$

式中　　V_m——冷却水量，m^3/h；

　　　　b——喷水宽度，m；

　　　　h——带钢厚度，mm；

　　　　v——带钢运行速度，m/s；

　　　　ρ_B——带钢密度，t/m^3；

　　　　c_B——带钢的比热容，$kJ/(kg·℃)$；

　　　ΔT_B——带钢温降，℃；

　　　　ρ_W——水的密度，t/m^3；

　　　　c_W——水的比热容，$kJ/(kg·℃)$；

　　　ΔT_W——水的温升，℃。

1.3.4　卷取机

1.3.4.1　概述

卷取机位于精轧机输出辊道末端，由卷取机入口侧导板、夹送辊、助卷辊、卷筒等设备组成。它的功能是将精轧机组轧制的带钢以良好的卷形，紧紧地无擦伤地卷成钢卷。卷取机的数量一般 2~3 台就能满足生产要求。

卷取机的作业过程如下：带钢头部进入卷取机前，输出辊道、夹送辊、助卷辊、卷筒均以不同的速度超前率进行运转。带钢头部进入夹送辊后，借助上下夹送辊的偏心布置，迫使带钢头部向下弯曲，并沿着导板进入由助卷辊及导板和卷筒形成的间隙前进，同时借助卷筒和助卷辊的超前率作用，将带钢紧紧地缠绕在卷筒上。当头部在卷筒上缠紧后（大约 3~4 圈），输出辊道、夹送辊、助卷辊、卷筒的速度超前率降为 0，与带钢速度相同，且保持一定的张力值进行卷取。卷取张力在卷筒与精轧机和夹送辊之间产生。卷取机以恒电流方式控制。

当带钢尾端由精轧机抛出时，输出辊道、夹送辊则以滞后于带钢速度运转，使之保持一定的张力，防止带钢折叠。同时，助卷辊下降压住钢卷，保证抛钢后的尾部带钢卷得同样整齐与紧密。卷取结束后翻卷小车上升，托住钢卷后，助卷辊打开，卷筒收缩端部支撑打开，卸卷车移动，将钢卷移出卷取机。移出卷取机后的钢卷，有的立即打捆，有的在后面运输机上打捆，有的翻转成立卷放到钢卷运输机上运输，有的则以卧式钢卷直接送到钢卷运输机上。在 20 世纪 80 年代后建设的轧机大多数都采用卧卷运输方式，以减少和消除边部缺陷。

卷取机是在高速且有较大冲击力的非常恶劣的条件下进行运转的设备，其结构复杂，故障率高。要想保持稳定的良好卷取形状，设备制造精度、设备管理制度及设备维护非常重要。

根据卷取机的工作特点及环境条件，对卷取机的性能有特殊要求，如：（1）卷取机刚度高，不易变形；（2）耐反复冲击的高强度结构；（3）保持高机械精度的结构；（4）设备结构应利于检修和维护；（5）发生故障率低的机械结构。

为满足上述要求，设计出了各种形式的卷取机，如卷筒有固定型和移动型；夹送辊有摆动式、牌坊式、双牌式等各种形式；助卷辊有 8 辊、4 辊、3 辊及 2 辊等多种形式。卷取机的结构如图 1-26 所示。

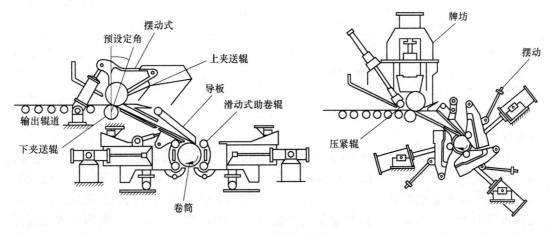

图 1-26 卷取机结构

1.3.4.2 卷取机设备

A 卷取机的发展

最初的卷取机，卷筒有轧制线式和固定式两种。目前广泛采用的是固定式地下卷取机。轧制线式卷筒卷取机是卷筒高度与轧制线高度一致，随着卷径增大，卷筒逐渐下移。这种卷取机结构比较复杂。还有一种轧制线式卷取机为卷筒固定，此种卷取机只适合作为最后一台卷取机，我们称之为地上卷取机。轧制线式卷取机的主要作用是改善卷取形状。由于轧制速度高速化、钢卷单重大型化、超厚高强度带钢的数量增多等原因，卷取机一般均采用刚度高的固定式卷取机，轧制线式卷取机目前已不存在了。卷取机的能力也由于前述的原因而增强，带材的卷取厚度由过去的 13mm 增加到 25mm，在 1983 年最大卷取厚度达到 30mm。图 1-27 表示了卷取厚度增大的情况。

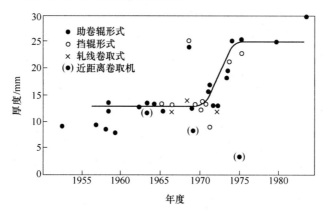

图 1-27　卷取机卷取最大厚度的变化

　　由于卷取机工作繁重，机构复杂，发生故障的频率比其他设备多，为了维持稳定的卷取操作，保持设备的完好性，有的工厂采用了卷取机从轧制线移出进行维修的方式。

　　从 20 世纪 80 年代开始，出现了气—液型和液压型卷取机。这两种卷取机的卷取能力和设备精度均高于气动式卷取机。

　　气—液型卷取机夹送辊、助卷辊的辊缝设定由液压缸完成，咬钢时产生的冲击振动，由气缸吸收。液压型卷取机夹送辊和助卷辊辊缝由液压伺服系统完成，设定精度极高，冲击和振动也由液压缸吸收。为避免和减轻带钢头部在卷第 2、3 圈时产生压痕，助卷辊采用了跳跃控制（AJC）技术。

　　20 世纪 90 年代以来，我国新建或改造卷取机，均采用液压型卷取机，对旧有的气动式卷取机逐步淘汰。

　　另外，对薄规格带钢，由于在输出辊道上运行不稳定，易飘浮，限制了穿带速度。为了缩短穿带时间，减少故障，提高产量和确保终轧温度，国外已出现了近距离卷取机。它与精轧末架距离 40~70m。卷取时，卷取张力在夹送辊与卷筒之间建立。近距离卷取机适用于高温卷取的带钢和希望获得良好卷形的薄带钢。目前，我国还未设近距离卷取机。

　　B　卷筒

　　卷筒主要部件为扇形块、斜楔（连杆）、心轴、液压缸等。为了使卷取后的钢卷能顺利抽出，扇形块在连杆机构或斜楔的作用下移动，卷筒直径可随之变化。连杆或斜楔称为胀缩机构。连杆机构因连杆处磨损而产生间隙，卷筒和助卷辊之间不易保持适当的辊缝，因此，目前不采用连杆机构而用斜楔。斜楔精度高，磨损引起的间隙小，同时斜楔强度好。为了使带钢在卷筒上卷紧，胀缩机构有扩胀功能。卷筒的胀缩是由液压缸带动心轴，通过胀缩机构实现的。

　　卷筒扇形块直接与高温带钢接触，它要求具有高耐磨性、耐热性，通常采用 Cr-Mo 耐热钢。

　　钢卷在操作侧抽出，卷筒若靠单侧支撑，将使卷筒带有一定的偏心旋转，特别在钢卷大型化后更严重。为了减少卷筒的偏心量，在 20 世纪 60 年代后期，在操作侧增加了卷筒活动支撑。

卷筒传动是由电机通过减速机进行的。当包括传动系统在内的转动惯量（GD2）大、卷取薄规格带钢时，由于头部卷紧时的冲击，在精轧和卷筒之间，屈服应力最小处会产生拉窄（缩颈）。为了减小转动惯量，采用两台电机切换工作，减速机进行速比切换工作。例如，厚带钢用两台电机和高速比工作，薄带钢用一台电机和低速比工作。

C　助卷辊

助卷辊的作用是：（1）准确地将带钢头部送到卷筒周围；（2）以适当压紧力将带钢压在卷筒上，增加卷紧度；（3）对带钢施加弯曲加工，使其变成容易卷取的形状；（4）压尾部防止带钢尾部上翘和松卷。

要完成上述功能，助卷辊的布置十分重要，同时助卷辊的布置也是卷取机进行分类的依据。

助卷辊数量多，卷附性能好，但结构复杂故障多，辊缝调整困难。例如8助卷辊已经淘汰，我国鞍钢2800/1700mm半连轧厂卷取机原是8助卷辊，改建后现已拆除。目前主要采用3辊式卷取机，厚带钢卷取采用4辊卷取机。我国目前采用的卷取机基本上均为3辊式卷取机。

液压卷取机助卷辊辊缝设定采用高响应特性的液压伺服系统，因此可以实现助卷辊的跳跃控制（AJC），大幅度减轻头部压痕的深度。

助卷辊工作条件恶劣，在高温、高压、高速并且在冲击负荷下工作，因此要求助卷辊有高硬度、耐磨、耐高温性能。通常都使用特殊铸钢辊。现在，对助卷辊采用表面硬化处理非常广泛，即在一般辊子表面堆焊或喷涂一层耐磨、耐热且硬度高的合金，满足助卷辊的性能要求。这种助卷辊磨损后还可以进行再处理。

D　夹送辊

夹送辊设置在卷取机入口处，它的主要功能是：（1）将带钢头部引入卷取机入口导板；（2）在带钢尾端抛出精轧机时，对带钢施加所需要的张力，以便得到良好的卷取形状；（3）通过对夹送辊的水平调整，获得良好的卷形。

夹送辊是一对上大下小的辊子，上下辊之间有10°~20°的偏角，带钢头部进入夹送辊后，头部被迫下弯，进入卷取机入口导板。

夹送辊上下辊都带有凸度，以便在卷取时带钢对中和延长辊子寿命。夹送辊对带钢施加后张力是由夹送辊的压紧力和传动马达决定的。第一代轧机的轧制速度低，夹送辊的马达只有200kW左右。随着轧制高速化，带钢厚度增大和材质高强度化快送辊的马达和压紧张力也增大，马达容量最大已达800kW，压紧力也由最早100kN增大到现在1600kN。为此，夹送辊的形式也发生了变化，由摆动式发展为牌坊式、双牌坊式。卷取张力卷筒与精轧机形成张力、卷筒与精轧机和夹送辊形成张力、卷筒与夹送辊形成张力三种形式。各种张力控制方式，对卷形的影响是不同的，特别是厚度大、强度高的带钢差异更明显。为此，采用双牌坊式夹送辊。前夹送辊起末架精轧机作用，建立张力，后夹送辊起正常夹送辊作用，而且在夹送辊前增加了一个压辊，防止带钢上翘。我国卷取机夹送辊还没有双牌坊式夹送辊，现采用的夹送辊多数为摆动式，其他为牌坊式。

E　侧导板

侧导板的功能是将输出辊道上偏离辊道中心的带钢头部平稳地引导到卷取机中心线，

送入卷取机，在轧制过程中继续对带钢进行平稳的引导对中。为防止带钢头部在侧导板处卡钢，侧导板的开口度在头部未到达前，比带钢宽 50~100mm。当头部通过后，侧导板将快速关闭到稍大于带钢宽度的开口度。因此，侧导极的结构除正常的宽度调整机构外，还有一个快速开闭机构，该机构的开闭量是一个常数，一般为 50mm，采用气缸操作，通常称为短行程机构。侧导板的传动一般采用电机和齿轮齿条传动，近年来已大量采用液压传动侧导板，设定精度及对中效果均优于电动侧导板。

　　侧导板在引导带钢过程中，频繁地与带钢边部接触，磨损严重，形成沟槽。因此，在侧导板的面上安装了可更换的衬板。为减少衬板的消耗，部分轧机在侧导板上安装有小立辊，以减小磨损。

1.3.4.3　卷取机的控制

　　在卷取时，卷取机速度控制装置对输出辊道、夹送辊、助卷辊和卷筒的速度进行设定和控制。此设备进行速度设定和控制的依据是精轧机末架速度。为了使带钢头部在输出辊道上运行时有一定的前拉力，输出辊道的设定速度比精轧机末架的速度高有 10%~25% 的超前率；夹送辊应吸收带钢的松弛，也应有 5%~20% 的超前率；卷筒为了把卷取转矩传递给带钢造成卷附状态，同时又需考虑卷取时的缩颈缺陷，因此对薄带钢卷筒速度超前率约为 10%，对厚带钢超前率为 35% 以内。助卷辊卷取时，对带钢头部有弯曲作用，并移送带钢，应具有比卷筒大的超前率，为 15%~40%。头部卷紧后，卷筒切换到张力卷取。助卷辊打开，卷筒转为电流控制。另外，带尾从精轧机出来至卷取结束，为得到好的卷形，此时卷筒转为速度控制，而夹送辊转为电流控制，对带钢尾部施加一定的张力。

任务 1.4　热轧产品缺陷及控制措施

1.4.1　压入氧化铁皮

1.4.1.1　缺陷特征

　　板坯炉生氧化铁皮、轧制过程中产生的氧化铁皮或轧辊氧化膜脱落压入带钢表面形成的一种表面缺陷，如图 1-28 所示。

1.4.1.2　产生原因

　　（1）板坯表面存在严重裂纹。

　　（2）板坯加热工艺或加热操作不当，导致炉生铁皮难以除尽。

　　（3）高压除鳞水压力低、喷嘴堵塞或热卷箱未投用等导致轧制过程中产生的氧化铁皮压入带钢表面。

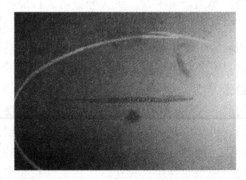

图 1-28　压入氧化铁皮

　　（4）轧制节奏过快、轧辊冷却不良等导致轧辊表面氧化膜脱落压入带钢表面。

1.4.1.3　预防及消除方法

（1）加强板坯质量验收，不使用表面存在严重裂纹的板坯。

（2）合理制订板坯加热工艺，按规程要求加热板坯。

（3）定期检查高压除鳞水系统设备和热卷箱，保证除鳞水压力，避免喷嘴堵塞和热卷箱故障。

（4）合理控制轧制节奏，确保轧辊冷却效果，防止轧辊表面氧化膜脱落。

1.4.2　辊印

1.4.2.1　缺陷特征

钢板表面呈等间距周期分布、外观形状不规则的凸凹缺陷，如图 1-29 所示。

1.4.2.2　产生原因

辊子局部掉肉或辊子表面粘有异物，使局部辊面呈凹、凸状，轧钢或精整加工时，压入钢板表面形成凸凹缺陷。

1.4.2.3　预防及消除方法

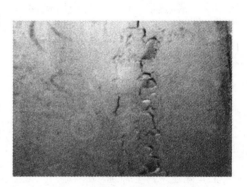

图 1-29　辊印

（1）定期检查轧辊表面质量，发现辊子掉肉或粘有异物时，及时处理。

（2）轧制过程中出现卡钢、甩尾等异常情况时，及时检查辊子表面质量，防止轧辊损伤或异物粘附。

（3）检查发现轧辊网纹时，立即停机检查轧辊并换辊。

1.4.3　压痕（压印、压坑）

1.4.3.1　缺陷特征

钢板表面被压成各种形状的无周期性凹凸印迹，如图 1-30 所示。

1.4.3.2　产生原因

（1）轧钢工序：

1）卷取机卷筒扩大时，扇形状的圆柱精度不良。

2）助卷辊严重磨损或间隙设定不合理，松开时间滞后。

3）卸卷小车托辊表面粘肉。

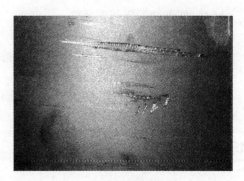

图 1-30　压痕

4）异物压入，脱落后形成压坑。

（2）精整工序：

1）搬运钢卷过程中机械损伤。

2）带钢严重跑偏，飞边压入钢板。

1.4.3.3　预防及消除方法

（1）注意检查卷筒扇形块的扩缩量。

（2）使助卷辊压附时间合适，助卷辊严重磨损时，及时更换。

（3）加强卸卷小车托辊表面质量检查和修磨，定期更换托辊。

（4）防止异物压入。

（5）精心搬运钢卷，防止机械损伤。

（6）防止带钢跑偏。

1.4.4　塔形

1.4.4.1　缺陷特征

钢卷上下端不齐，外观呈塔状称塔形，如图 1-31 所示。

1.4.4.2　产生原因

（1）助卷辊间隙调整不当。

（2）夹送辊辊缝呈楔形。

（3）带钢进卷取机时对中不良。

（4）卷取张力设定不合理。

（5）卷筒传动端磨损严重，回转时有较大的离心差。

图 1-31　塔形

（6）带钢有较大的镰刀弯、楔形或板形不良。

1.4.4.3　预防及消除方法

（1）加强助卷辊间隙调整。

（2）保持夹送辊辊缝水平。

（3）合理设定卷取机前侧导板，保持带钢对中。

（4）合理设定卷取张力。

（5）定期更换卷筒，防止卷筒严重磨损。

（6）加强带钢板形控制。

1.4.5　瓢曲

1.4.5.1　缺陷特征

钢板的纵横部分同时在同一个方向出现的翘曲称瓢曲，如图 1-32 所示。

1.4.5.2　产生原因

（1）带钢轧制过程出现变形不均。

（2）轧制计划编排不合理，在一个轧辊周期内集中轧窄规格带钢后以集中轧宽规格带钢。

（3）精整生产时，矫直机压下设定不良或压力辊、矫直辊磨损严重。

（4）钢板堆放不当。

图 1-32　瓢曲

1.4.5.3　预防及消除方法

（1）合理配置辊型，保持轧件温度均匀。

（2）合理编排轧制计划。

（3）加强矫直机压下设定，定期更换压力辊、矫直辊。

（4）钢板堆放应平直。

1.4.6　波浪弯（中浪、双边、单边浪）

1.4.6.1　缺陷特征

沿钢板的轧制方向呈现高低起伏的波浪形弯曲。根据分布的部位不同，分为中间浪，肋浪和边浪，如图 1-33 所示。

1.4.6.2　产生原因

（1）辊型不合理，轧辊磨损不均。

（2）轧辊的辊型与来料板型配合不良，精轧后机架压下量过大。

（3）轧件跑偏或辊缝调整不当。

（4）轧辊冷却不均。

（5）轧件温度不均。

图 1-33　波浪弯

1.4.6.3　预防及消除方法

（1）合理配置辊型，定期更换轧辊。

（2）合理编排轧制计划，保证不同规格带钢合理过渡，合理分配各机架的压下量。

（3）加强辊缝楔形差值的检查，轧制过程中保持轧件对中良好。

（4）加强轧辊冷却控制。

（5）加强板坯加热和轧制过程中冷却控制，保证轧件温度均匀。

1.4.7　镰刀弯

1.4.7.1　缺陷特征

沿钢带长度方向的水平面上向一侧弯曲称镰刀弯，如图 1-34 所示。

1.4.7.2　产生原因

（1）板坯存在镰刀弯。

（2）轧辊磨损不均，辊缝呈楔形。

（3）轧件两侧温度不均，轧制过程中延伸不
一致。

（4）立辊的中心线有偏差。

（5）轧辊发生轴向串动或两侧轴承磨损不均。

（6）侧导板开口度过大，轧件对中不良。

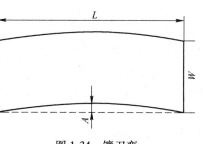

图1-34　镰刀弯

1.4.7.3　预防及消除方法

（1）加强板坯质量验收，不使用镰刀弯超标的板坯。

（2）加强辊缝检查，保持两侧辊缝水平一致。

（3）加强板坯加热和轧件冷却控制，保证轧件两侧温度均匀一致。

（4）检查立辊中心线。

（5）检查轧辊两侧轴承磨损情况。

（6）检查侧导板开口度，确保轧件对中。

1.4.8　边部过烧

1.4.8.1　缺陷特征

边部过烧指沿带钢边部出现的裂痕和网裂，
它可能在带钢的一侧或两侧。金相观察可发现
晶界氧化，如图1-35所示。

1.4.8.2　产生原因

（1）板坯加热温度过高或保温时间过长，
造成晶粒粗大使晶间被氧化。

图1-35　边部过烧

（2）板坯在炉内烧嘴处停留时间较长，有偏烧现象。

1.4.8.3　预防及消除方法

（1）控制好板坯加热温度和保温时间。

（2）防止火焰直接喷射在板坯上。

任务1.5　热轧板带钢轧制工艺制度的确定（压下规程）

热带钢连轧机压下规程设计内容包括：坯料尺寸选择；粗轧机组压下量分配及速度制
度选择；精轧机组压下量分配及速度制度确定；粗轧及精轧各道能力参数计算及设备能力
校核。

1.5.1 坯料尺寸

现代热带钢连轧机为了提高产量，一般采用大坯重。板坯厚度为 150~250mm，多数为 200~250mm，最厚达 300~350mm；板坯宽度取决于产品规格，20 世纪 50 年代前的轧机，板坯宽度小于成品宽度，因此需宽展，即在粗轧机组装设宽展机座，使板坯回转 90°进行纵轧。这样，板坯长度就受到宽展机座轧辊辊身长度限制，大大地影响坯料重量的增加和轧机生产率的提高。近代轧机完全取消了宽展机座，板坯最大宽度约比成品最大宽度大 50mm。现代板坯初轧机生产的板坯宽度达 2130~2240mm，现代热带钢连轧机的辊身长度已达 2300~2500mm。

连铸坯厚度为 180~350mm，新建轧机，一般多选最大坯厚 300~350mm。连铸坯作为原料，为提高连铸机产量，连铸坯宽度和厚度规格应尽量减少。连铸坯宽度可达 2320mm。我国 1700mm 轧机采用的连铸坯，宽度是 100mm 进位的，厚度规格为 160、180、210、250mm。板坯长度受加热炉炉堂宽度及轧件温度降的限制，为 9~12m，最长达 15m，板坯重量为 20~45t。

板坯厚度 H 和宽度 B、长度 L 可按下述方法确定：

$$H = (100 \sim 150)h$$

式中　h——成品带钢厚度。

如果粗轧机架数多，速度高，可选取较厚板坯，反之，则选取较薄板坯。

$$B = b + (50 \sim 100)$$

式中　b——成品带钢宽度。

$$L_{max} \leq B_{炉} - (200 \sim 300)$$
$$L_{min} \geq A_{炉} + (100 \sim 200)$$

式中　$B_{炉}$——加热炉内宽；

　　　$A_{炉}$——加热炉两滑轨的中心距离。

为了减少板坯尺寸规格种类，通常在宽度上采用 100mm 进位，厚度上为 50mm 进位。

1.5.2 粗轧机组压下量分配

为保证精轧机组的终轧温度，应尽可能提高粗轧机组轧出的带坯温度。因此，一方面应尽可能提高开轧温度，另一方面应尽可能减少粗轧道次和提高粗轧速度，以缩短延续时间，减少轧件的温度降。为简化精轧机组的调整，粗轧机组轧出带坯厚度范围应尽可能缩小。在粗轧机组上轧制时，轧件温度高，塑性好，厚度较大，长度不长，故应尽可能利用此有利条件采用大压下量轧制。考虑到粗轧机组与精轧机组间在轧制节奏和负荷上的平衡，粗轧机组变形量一般要占总变形量（坯料至成品）的 70%~80%，根据不同的带钢厚度和精轧机组的设备能力，一般粗轧机组轧出的带坯厚度为 20~40mm（对 6 机架精轧机组，约为 20~30mm；对 7 机架精轧机组，约为 25~40mm）。许多带钢连轧机，不论板坯及带钢厚度如何，粗轧机组轧出的带坯厚度是固定的（有的定为 25mm，有的定为 38mm，也有的定为 32mm 或 36mm），而改变板坯厚度时则改变粗轧机组压下量，改变带钢厚度时则改变精轧机组的压下量，这样就可以用不同尺寸板坯轧出各种厚度的带钢，从而简化了轧机调整。

粗轧机组水平轧机各道压下量分配规律为，第 1 道考虑咬入及坯料厚度偏差不能给以最大压下量；中间各道次应给以设备能力所允许的最大压下量；最后道次为了控制出口厚度和带坯板形，应适当减少压下量。

粗轧机组的立辊轧机，除立辊破鳞机（或称大立辊）考虑破鳞和调节板坯宽度给予较大压下量（50~100mm）外，其他立辊轧机压下量约等于上道水平辊轧机轧制时板坯的宽展量。粗轧各道板坯宽展量与板坯厚度、宽度、压下量和摩擦系数有关，约为 4~32mm，第 1、2 道取大值，后 1、2 道取小值。

某粗轧机组轧制 5 道时各道次相对压下量如表 1-1 所示。某粗轧机组轧制 6 道时各道次相对压量如表 1-2 所示。某 1700mm3/4 热连轧机粗轧制程序如表 1-3 所示。

表 1-1　某粗轧机组轧制 5 道时各道次相对压下量　　　　　　　　　　（%）

机架号数或道次	1	2	3	4	5
相对压下量 ε	20	30	35~40	40~50	30~50

表 1-2　某粗轧机组轧制 6 道时各道次相对压下量　　　　　　　　（%）

机架号数或道次	1	2	3	4	5	6
相对压下量	15~23	23~30	26~35	27~40	30~50	33~35

表 1-3　1700mm3/4 热连轧机轧制程序表

名　称	粗　轧　道　次							精　轧　道　次						
	0	立	1	2	3	4	5	1	2	3	4	5	6	7
入口厚度 H/mm	240	240	240	190	130	80	48	28	16	10.2	6.95	5.0	3.7	2.9
出口厚度 h/mm		240	190	130	80	48	28	16	10.2	6.95	5.0	3.7	2.9	2.5
压下量 Δh/mm		(50)	50	60	50	32	20	12	5.8	3.25	1.95	1.3	0.8	0.4
相对压下量 ε/%			3.12	20.8	31.6	38.5	40	41.7	42.9	36.2	31.8	28.1	26	21.6	13.8
宽度 b/mm	1600	1550	1550	1550	1550	1550	1550	1550	1550	1550	1550	1550	1550	1550
长度 l/m	9	9.3	11.7	17.2	27.9	46.5	79.7	140	219	321	446	603	770	893
咬入速度 v_1/m·s^{-1}		0.95	1.2	1.2	1.2	2.5	3.0	1.25	1.96	2.88	4.0	5.4	6.9	8
最大速度 v_h/m·s^{-1}		1.9	2.4	2.4	2.4	2.5	3.0	1.87	2.94	4.32	6.0	8.1	10.3	12
工作辊径 $D_工$/mm		1000	1150	1150	1150	1150	950	730	730	730	730	730	730	730

生产实践表明：粗轧机组出口带坯厚度大，或粗轧前面道次压下量小，后面道次压下量大，或粗轧压下量大，道次少，粗轧延续时间越短，则带坯进入精轧机组的温度就高。因此，精轧温度过低时，可以考虑调整粗轧压下规程，但是增加中间带坯厚度（比如从 25~30mm 增加到 50~60mm），要考虑切头飞剪所能剪切的最大厚度、精轧机传动功率和压下能力的限制。1450mm 半连续式带钢热连轧车间粗轧机 R1、R2 机架出口目标厚度标准、轧制道次如表 1-4 所示。

表 1-4　粗轧机 R1、R2 机架出口目标厚度　　　　　　　（mm）

轧　机	成　品　宽　度			
	R1		R2	
成品厚度	<1100	≥1100	<1100	≥1100
2.0~2.5	85	85	23	23
2.51~5.0	90	90	25	25
5.01~8.0	90	90	30	30

对于粗轧机组立辊轧机辊缝的设定计算，在水平辊轧机压下规程已定的情况下，有专家推荐按照如下步骤，计算立辊轧机辊缝值。

（1）计算精轧机组出口宽度 B_F。

$$B_F = B_n(1 + \alpha t_{FC}) + \beta$$

式中　B_n——标准（或用户）要求的热轧带钢成品宽度；

　　　t_{FC}——精轧机组终轧温度；

　　　α——带钢热膨胀系数；

　　　β——宽度边缘余量（可由操作人员调整）。

（2）计算粗轧机组出口宽度，即中间带坯宽度 B_R。

$$B_R = B_F - \Delta B_F$$

式中　ΔB_F——轧件在精轧机组的总宽展量。

它可根据测宽仪测得实际的 B_R 和 B_F，求得实际的总宽展量，对预先根据经验给出的总宽展量进行校正，使之更加精确。

（3）计算立辊总压下量 $\Delta B_{R\Sigma}$。

$$\Delta B_{R\Sigma} = (Q_S B_S - B_R) + \Sigma \Delta B_{Rij}$$

式中　Q_S——板坯的热膨胀系数，约为 1.015；

　　　B_S——冷态的连铸板坯宽度；

　　　ΔB_{Rij}——粗轧机组第 i 架水平辊轧机第 j 道次的宽展量，可按下式计算：

$$\Delta B_{Rij} = K \Delta h_{Rij}$$

式中　K——宽展系数，可由现场实测求得；

　　　Δh_{Rij}——粗轧机组第 i 架水平辊轧机第 j 道次压下量（道次号只用于可逆式机架）。

（4）计算各架立辊轧机侧压量 ΔB_{Eij}。

$$\Delta B_{Eij} = \Delta B_{R\Sigma} a_{ij}$$

式中　i——粗轧机组（立辊轧机机架号）；

　　　j——立辊轧机道次号（道次号只用于可逆式机架）；

　　　a_{ij}——粗轧机组第 i 架立辊轧机第 j 道的侧压量分配系数。

a_{ij} 可根据具体轧机结构及工艺条件，按照经验确定。例如，3/4 连续式热连轧带钢轧机，粗轧机组第二架为可逆式时，可采用表 1-5 所列数值。由于立辊只在奇道次对轧件侧压，表 1-5 中道次数 n_R 是水平辊轧机的轧制道次数，立辊轧机道次数是 $(n_R+1)/2$。

表 1-5　侧压量分配系数 a_{ij}

道次 n_R	大立辊	2 号小立辊	3 号小立辊	4 号小立辊
可逆机架轧 3 道	0.2	1○ 0.23 3○ 0.20	0.21	0.16
可逆机架轧 5 道	0.19	1○ 0.19 3○ 0.22 5○ 0.18	0.14	0.08
可逆机架轧 7 道	0.16	1○ 0.16 3○ 0.16 5○ 0.15 7○ 0.15	0.14	0.08

（5）计算各架立辊轧机各道轧出轧件宽度。

各架立辊轧机的各道轧出轧件宽度计算，可根据 B_S 和 ΔB_{Eij}，从第一架大立辊开始，算到最后一架立辊轧机。

（6）计算各架立辊轧机各道辊缝。

根据各架立辊轧机各道轧出轧件宽度，按轧机弹跳方程即可算出各架立辊轧机各道辊缝。

1.5.3　精轧机组压下量分配

精轧机组压下量的分配原则是：（1）除了在设备能力允许的条件下，应尽可能提高轧机的生产率外，还应考虑产品的质量，即终轧温度、终轧变形程度和产品尺寸精度等；（2）应尽可能简化精轧机组的调整。

精轧机组的总压下量，一般占总变形量的 10%～25%。为保证带钢机械性能，防止晶粒过大，终轧变形程度即最后一架的相对压下量应不低于 10%。但从保证产品尺寸精度的要求出发，最后一道的压下量不宜过高。最后一架的相对压下量一般取为 10%～15%。精轧机组各架压下率分配范围如表 1-6 所示。

表 1-6　精轧机组（6 与 7 机座）压下率分配范围　　　　　　　　　　（%）

精轧机座号	1	2	3	4	5	6	7
$\dfrac{\Delta h}{H}$（6 机座）	40～50	40～45	34～40	30～35	25	15	—
$\dfrac{\Delta h}{H}$（7 机座）	41～50	42～45	35～48	32～48	29～31	25～28	10～15

1.5.4　温度制度的确定

1.5.4.1　加热温度

钢的加热温度是指钢加热终了时出炉的表面温度。钢的加热温度范围主要是根据钢的性质、化学成分和压力加工工艺要求来确定的。不同钢种具有不同的温度范围。对于碳钢，加热温度范围可在 Fe-Fe₃C 平衡图上找到。对于含碳量为 0.2%～0.4% 的钢，加热温度范围通常为 800～1200℃，对于碳素钢最高加热温度应低于铁碳平衡图固相线 100～150℃。加热温度过高，不仅浪费能源，而且会产生过热、过烧、氧化、脱碳等加热缺陷；对于合金钢加温度范围较窄，如不锈耐热钢（Cr25Ni20）的温度范围为 1000～1150℃；又如 Ni 基合金的温度范围只在 1025～1150℃ 之间。尤其高合金钢其晶间物质和共晶体容易熔化，对过烧更敏感；高碳钢、工具钢、滚珠轴承钢等钢种在高温状态下又很容易发生脱碳而引起钢材表面硬度降低，因此对合金钢加热温度严加控制。

对于某些钢要求有一定的开轧温度，因此确定了开轧温度后，考虑到加热炉到轧机间的温降，来确定加热温度；某些钢要求保证终轧温度，因此在确定了终轧温度后，逆着轧制方向计算出各道的温度、开轧温度及加热温度；某些钢既要求一定开轧温度，又要求保证终轧温度，则加热温度由开轧温度而定。

若从晶粒细化的要求出发，加热温度的确定不应使加热后的奥氏体晶粒粗大和不均匀，因为原始状态粗大的奥氏体晶粒会使变形后的奥氏体晶粒粗大。变形量愈大，原始奥氏体晶粒尺寸的影响就愈小，但是并不能因此而提高加热温度。因为加热温度高会使终轧温度也高，从而使晶粒粗化。此外，从节能的角度出发，加热温度也不宜过高，但对含有微合金元素的钢，要求发挥微合金元素的固溶强化作用时，加热温度才可较高。

对于低碳钢的加热温度宜取在 1100~1150℃。

1.5.4.2　轧制过程中轧件温度降的计算

轧件在轧制和运输过程中温度的变化是由于轧件与周围介质的辐射、对流、传导造成的热量损失以及金属的部分变形能转换成热能所引起的。温度降计算有理论公式，也有经验公式。这里仅介绍经验公式。

对粗轧各道，令 $k_1 = 1.5$，则逐道温降为：

$$\Delta t = 12.9 \frac{Z}{h} \left(\frac{T_1}{1000} \right)^4$$

对精轧各道，令 $k_1 = 2.0$，则得

$$\Delta t = 17.2 \frac{Z}{h} \left(\frac{T_1}{1000} \right)^4$$

带坯在中间辊道上冷却，也可以按辐射散热计算。此时，同粗轧一样，可取 $k_1 = 1.5$，故得带坯进入第一架精轧机的温度为：

$$T_1 = \frac{T_0}{\sqrt[3]{1 + 0.0386 \frac{Z}{h} \left(\frac{T_0}{1000} \right)}}$$

式中　T_0——粗轧轧完后的带坯温度，K。

对于精轧机组，轧件任一部位通过各架轧机延续时间 Z 与轧件厚度 h 的比值为一常数，即

$$\frac{Z}{h} = \frac{S_0}{v_1 h_1} = \frac{S_0}{v_2 h_2} = \cdots = \frac{S_0}{v_{n-1} h_{n-1}} = 常数$$

式中　S_0——精轧机组各架间距。

故轧件任一部位，从精轧第一架的温度 $T_1(\mathrm{K})$，降至末架的终轧温度为

$$T_n = \frac{T_1}{\sqrt[3]{1 + 0.0515 \frac{S_0(n-1)}{v_n h_n} \left(\frac{T_1}{1000} \right)^4}}$$

从上式可以看出，轧制薄带钢时，为保证终轧温度，必须提高轧制速度 v_n 和提高进入精轧的轧件温度 T_1。

当 $v_n h_n$ 数值较大时，上式中根号第二项数值较小，故近似可得：

$$\Sigma \Delta t = T_1 - T_n = 17.2 \frac{S_0(n-1)}{v_n h_n} \left(\frac{T_1}{1000} \right)^4$$

这样，按上式计算出总温度降 $\Sigma \Delta t$，再除以 $(n-1)$，就得每架温度降的数值。

例题已知 1700mm 热连轧机的轧制程序如表 1-7 所示，计算逐道温降。

表 1-7　1700mm 热连轧机轧制程序表

名　称	粗轧道次							精轧道次						
	0	立	1	2	3	4	5	1	2	3	4	5	6	7
入口厚度 h_0/mm	250	250	250	200	140	85	45	25	12.5	7	4.4	3	2.22	1.75
出口厚度 h_1/mm		250	200	140	85	45	25	12.5	7	4.4	3	2.22	1.75	1.5
压下量 Δh/mm		(50)	50	60	55	40	20	12.5	5.5	2.6	1.4	0.78	0.47	0.25
相对压下量 ε/%			4.76	20	30	39.3	47	44.5	50	44	37.1	31.8	26	21.2	14.3
宽度 b/mm	1050	1000	1000	1000	1000	1000	1000	1000	1000	1000	1000	1000	1000	1000
长度 l/m	9	9.45	11.8	16.9	27.8	52.8	94.5	189	338	540	790	1065	1350	1580
咬入速度 V_y/m·s^{-1}		0.96	1.2	1.2	1.2	2.5	3.0	1.25	2.14	3.41	5	6.75	8.57	10
最大速度 V_z/m·s^{-1}		1.92	2.4	2.4	2.4	2.5	3.0	2.16	3.86	6.14	9.0	12.15	15.43	18
工作辊径 D_1/mm		1000	1150	1150	1150	1150	950	730	730	730	730	730	730	730

解： 计算逐道温降必须首先制定速度制度，确定各道的纯轧时间及间隙时间。

第一架可逆式粗轧机座的速度图为梯形，为利于咬入，各道咬入转速取为 $n_1 = 20\text{r/min}$，其恒定转速为电机额定转速，即 $n_2 = n_H = 40\text{r/min}$，第一道抛出速度为：

$$n_3 = b\left(t_0 - \frac{n_1}{a}\right) = 30\left(2 - \frac{20}{15}\right) = 20\text{r/min}$$

式中　t_0——由调整压下螺丝所决定的间隙时间。

第二道后，由于大立辊需要侧压，间隙时间取为 6s，故抛出转速提高为 33r/min。第三道后，轧件进入 2 号粗轧机座，故以最大轧制转速 40r/min 抛出。

第一道纯轧时间为：

$$t_j = \frac{n_2 - n_1}{a} + \frac{n_2 - n_3}{b} + \frac{1}{n_2}\left(\frac{60L}{\pi D_1} - \frac{n_2^2 - n_1^2}{2a} - \frac{n_2^2 - n_3^2}{2b}\right)$$

$$= \frac{40 - 20}{15} + \frac{40 - 20}{30} + \frac{1}{40}\left(\frac{60 \times 11.8}{\pi \times 1.5} - \frac{40^2 - 20^2}{2 \times 15} - \frac{40^2 - 20^2}{2 \times 30}\right)$$

$$= 5.4\text{s}$$

第二道 $t_j = 7.4\text{s}$，第三道 $t_j = 11.9\text{s}$。

第三道至第四道的间隙时间为（辊道速 $v_g = 1.8\text{s}$）：

$$t_0 = \frac{S - L}{v_g} = \frac{40 - 27.8}{1.8} = 6.8\text{s}$$

第二架和第三架为不可逆式，其纯轧时间及间隙时间如表 1-8 所示。

表 1-8　粗轧各道纯轧、间隙时间及轧件尾部温度

机架序号	1			2	3
轧制道次	1	2	3	4	5
道次入口厚度 h_0/mm	250	200	140	85	45
道次出口厚度 h_1/mm	200	140	85	45	25
各道次纯轧时间 t_j/s	5.4	7.4	11.9	21	31.5
各道次间隙时间 t_0/s	2.0	6.0	6.8	3.1	16
尾部轧制温度/℃	1179	1176	1168	1150	1109

粗轧轧完的带坯长度为 94.5m，速度 3m/s。因此，尾部轧完后，带坯从速度 3m/s 逐渐减至精轧第一架咬入速度 0.6m/s。减速运行距离共 116-94.5=21.5m。此段运行时间取为 16s。

精轧机组的间隙时间为：

$$t_0 = s_0\left(\frac{1}{v_1} + \frac{1}{v_2} + \cdots + \frac{1}{v_{n-1}}\right) = 6\left(\frac{1}{1.2} + \frac{1}{2.14} + \cdots + \frac{1}{8.67}\right) = 12.6\text{s}$$

加速前的纯轧时间为：

$$t_{j1} = \frac{S_j + \pi D_j N}{v_{n1}} = \frac{150 + \pi \times 0.8 \times 5}{10} = 16.3\text{s}$$

式中 S_j，D_j——精轧到卷取机距离和卷取内径；

N——卷取匝数。

采用加速度 $a = 0.1\text{m/s}^2$，得

$$t_{j2} = \frac{v_{n3} - v_{n1}}{a} = \frac{18 - 10}{0.1} = 80\text{s}$$

加速段带钢长度为：

$$L_2 = \frac{v_{n3}^2 - v_{n1}^2}{2a} = \frac{18^2 - 10^2}{0.2} = 1120\text{m}$$

加速后恒速轧制时间为：

$$t_{j3} = \frac{L - (S_j + \pi D_j N) - L_2}{v_{n3}} = \frac{1580 - 162.5 - 1120}{18} = 16.5\text{s}$$

精轧机组最后一架的纯轧时间为：

$$t_j = t_{j1} + t_{j2} + t_{j3} = 16.3 + 80 + 16.5 = 112.8\text{s}$$

精轧机组的轧制周期为：

$$T = t_0 + t_j = 12.6 + 112.8 = 125.4\text{s}$$

板坯加热温度定为 1270℃，出炉温度降取 50℃，粗轧前高压水除鳞温度降为 20℃，故立辊开轧温度为 1200℃，考虑立辊轧后再喷高压水除鳞，第一道开轧温度定为 1180℃，故第一道尾部轧制温度为：

$$1180 - 12.9 \frac{Z}{h}\left(\frac{T_1}{1000}\right)^4 = 1180 - 12.9 \frac{5.4}{250}\left(\frac{1180 + 273}{1000}\right)^4 = 1178.8℃$$

可逆式轧制时，第一道的头部为第二道时的尾部，故第二道尾部温度为：

$$1180 - 12.9 \frac{5.4 + 2 + 7.4}{200}\left(\frac{1180 + 273}{1000}\right)^4 = 1175.7℃$$

第二道头部在第三道时变为尾部，故应先计算第二道头部的温度，即

$$1178.8 - 12.9 \frac{2}{200}\left(\frac{1178 + 273}{1000}\right)^4 = 1178.2℃$$

故第三道尾部轧制温度为：

$$1178.2 - 12.9 \frac{7.4 + 6 + 11.9}{140}\left(\frac{1178.2 + 273}{1000}\right)^4 = 1167.8℃$$

第四道尾部轧制温度为：

$$1167.8 - 12.9 \frac{6.8 + 21}{85} \left(\frac{1167.8 + 273}{1000} \right)^4 = 1149.6℃$$

第五道尾部轧制温度为：

$$1149.6 - 12.9 \frac{3.1 + 31.5}{45} \left(\frac{1149.6 + 273}{1000} \right)^4 = 1108.8℃$$

带坯在中间辊道上的冷却时间，等于间隙时间加精轧第一架的纯轧时间。精轧第一架的纯轧时间等于精轧周期减去轧件尾部通过精轧各架的时间。轧件尾部通过精轧各架的时间为：

$$t_0' = s_0 \left(\frac{1}{v_1} + \frac{1}{v_2} + \cdots + \frac{1}{v_{n-1}} \right) = 6 \left(\frac{1}{2.16} + \frac{1}{3.86} + \cdots + \frac{1}{15.43} \right) = 7s$$

故精轧第一架的纯轧时间为：

$$t_0 + t_j - t_0' = 125.4 - 7 = 118.4s$$

带坯在中间辊道上的冷却时间为：

$$Z = 16 + 118.4 = 134.4s$$

故带坯尾部进入精轧第一架的温度为：

$$T_1 = \frac{T_0}{\sqrt[3]{1 + 0.0386 \frac{Z}{h} \left(\frac{T_0}{1000} \right)^3}} = \frac{1381.8}{\sqrt[3]{1 + 0.0386 \frac{134.4}{25} \left(\frac{1381.8}{1000} \right)^3}}$$

$$= 1195K = 922℃$$

考虑精轧前高压水除鳞温降 30℃，则尾部进入精轧第一架温度为 922−30 = 892℃。尾部通过精轧机组的总温降为：

$$\sum \Delta t = 17.2 \frac{S_0(n-1)}{v_n h_n} \left(\frac{T_1}{1000} \right)^4 = 17.2 \frac{6 \times 6}{18 \times 1.5} \left(\frac{1165}{1000} \right)^4 = 42℃$$

即每架温降为 42/6 = 7℃，故尾部终轧温度为 892−42 = 850℃。

1.5.4.3　轧制温度的确定

在轧制过程中分有开轧温度和终轧温度。对于亚共析钢，开轧温度比 NJE 线低 100~150℃；对于过共析钢，开轧温度最高应低于 JE 线 100℃，或为加热温度减去由加热炉出炉后到轧制前的温度降。终轧温度，对于亚共析钢要高于 GS 线 50~100℃，对过共析钢终轧温度应低于 ES 线，这样可以破碎在晶粒边界上析出的网状碳化物（渗碳体），如果低于 SK 线，就会有较多的石墨析出，呈现黑色断口。因此，终轧温度应比 SK 线高 100~150℃。如上确定的加工温度范围过于笼统。

现代控制轧制工艺根据奥氏体再结晶的不同情况，对于轧制温度可分为以下几种类型。

（1）奥氏体再结晶区的控制轧制（也称Ⅰ型控制轧制）。轧制温度全部在奥氏体再结晶区内，有比传统轧制更低的终轧温度（950℃左右）。它是通过 γ 晶粒的形变、完全再结晶的反复进行使 γ 晶粒细化，相变后能获得均匀的较细的铁素体珠光体组织，能使 γ 晶粒尺寸细化到 20~40μm，转变后也只能得到 20μm 左右，转变后的铁素体晶粒度在 8 级以上。通常热轧低碳钢、低合金钢板带时，从坯料到成品的多数轧制道次都属于再结晶区控轧阶段，如果在奥氏再结晶温度以上终轧，则整个热轧过程为单一的再结晶型控轧。

（2）奥氏体未再结晶区的控制轧制（也称Ⅱ型控制轧制）。为了突破Ⅰ型控轧对 α 晶粒细化的限制，就要采用较低的轧制温度和终轧温度。热轧温度和终轧温度都在 Ar_3 温度以上的 γ 未再结晶区。轧制中奥氏体不发生再结晶，仅晶粒沿轧制方向伸长；经多道次轧制后，晶粒逐渐成为扁平状，且在晶内形成大量的形变带；此阶段变形的作用可以累积。此阶段形成的扁平奥氏体晶粒及其晶粒内的形变带，为相变时铁素体形核提供了更多的有利位置，故可得到更细小的铁素体晶粒。一般通过未再结晶区控轧，能使铁素体晶粒尺寸减小到 5μm 左右（相当于 12~13 级晶粒度）。对于普通低碳钢、低合金钢，由于其再结晶温度低，未再结晶区温度范围窄，故不易实现未再结晶控轧。对于含 Nb、V、Ti 微合金钢，由于微合金化元素，特别是 Nb 的溶质拖曳作用及其析出相（碳氮化物）质点的钉扎作用，可抑制奥氏体再结晶，提高再结晶温度，扩大未再结晶区，并且诱出析出相能阻止再结晶奥氏体晶粒长大，因此，它们（特别是含 Nb 钢）非常有利于实现未再结晶型控轧，并能取得更好的强韧化效果。但未再结晶区控轧存在轧机负荷大、生产率降低的缺点。

（3）两相区的控制轧制（也称Ⅲ型控制轧制）。在 Ar_1 至 Ar_3 之间的温度下轧制，奥氏体和铁素体晶粒均受到变形。形变奥氏体仍转变为细小等轴的铁素体。铁素体晶粒经变形后被拉长，晶内位错密度增加，形成小的亚晶。随着变形量增加亚晶更细小，数量增多。对于含 Nb、V、Ti 的微合金钢，此区域的变形还有促进微合金元素碳氮化合物析出的作用。因此，两相区控轧由于亚结构强化和沉淀强化，可进一步提高钢的强度，但也存在轧制温度低、变形抗力大、易产生晶粒不均及由于形成织构而具有方向性等缺点。

合理的轧制温度制度应该在奥氏体再结晶区给以一定的变形，使奥氏体晶粒细化，然后在奥氏体未再结晶区再给予足够的变形后终止变形，这样将会得到满意的材料性能。这就要求有较低的、尽可能接近 Ar_3 温度的终轧温度。此外，在奥氏体再结晶区和奥氏体未再结晶区之间有奥氏体的部分再结晶区，这是一个不宜进行加工的区域，因为在这个区域内加工会造成不均匀的奥氏体晶粒，并进而转变成不均匀的铁素体组织，降低了材料的性能。在生产中，采用待温的办法（即采用空冷或水冷的办法）避过在这个温度区加工。

在实际生产中，根据钢种及设备条件（轧机承载能力）不同，可以采用在奥氏体再结晶区轧制工艺，也可以采用先在奥氏体再结晶区轧制，后在未再结晶区轧制，甚至接着在两相区轧制的两种类型或三种类型相结合的工艺。通常，大量使用的是再结晶区和未再结晶区轧制相结合的控轧工艺。

1.5.5 速度制度的确定

速度制度的合理性在于保证轧制温度和获得最短的轧制节奏。

在压下规程制定后，根据轧机小时产量和终轧温度先确定末机架轧制速度，可由秒流量相等原则，按下列公式计算各机架的轧制速度：

$$v'_i = \frac{h}{h_i} \times \frac{1 + S_h}{1 + S_{hi}} v'$$

式中 v'_i ——第 i 架轧机的线速度；

h_i ——第 i 架轧机的出口厚度；

　　v' ——成品机架轧辊的线速度；

　　h ——成品机架轧件的出口厚度；

　　S_h ——最后一架轧机上的前滑值；

　　S_{hi} ——各机架上的前滑值。

任务 1.6　我国热轧宽带钢生产技术的进步

　　我国现有的在生产的热轧宽带钢轧机所应用的主要的新技术，其中包括工艺技术以及和工艺密切相关的技术装备。

　　A　连铸板坯热装（HCR）和直接热装（DHCR）技术

　　（1）应用和实现板坯热装技术的基础是炼钢和连铸机稳定生产无缺陷板坯。在热轧车间有关的技术有：连铸和热轧车间上下工序生产计划的一贯管理，保证预定的板坯物流与连铸和热轧机的节奏匹配，板坯数据要求实时传输。

　　（2）热轧车间最好和连铸机直接连接，以缩短传送时间，保证和提高板坯温度。

　　（3）设有板坯定宽压力机（sizing press，简称 SP）可以减少连铸板坯的宽度种类和增加连铸板坯宽度，从而提高连铸机产量和稳定连铸机生产，相应可以提高板坯的 DHCR比率。

　　（4）加热炉采用长行程装料机。1580mm 热轧机的步进式加热炉采用了行程为 10.4m的装料机，便于在冷板坯与热板坯交替时将高温板坯一次装入到炉内 8m 的深处，而缩短在炉加热时间。

　　（5）精轧机组后段的机架（F4~F7）设工作辊轴向移动装置（WRS），这对于增加带钢同宽度的轧制量十分有利，对提高 DHCR 比率也很有利。

　　B　板坯定宽压力机

　　我国有两套热连轧机组设有由日本 IHI 公司设计供货的板坯定宽压力机。这种板坯定宽压力机一次最大侧压量为 350mm，可以连续进行板坯侧压，运行时间短，效率高，板坯温降小，侧压后板坯头尾形状好，狗骨断面小，板坯减宽侧压有效率达 90%以上。

　　C　粗轧机立辊侧压短行程控制（SSC）和宽度自动控制（AWC）

　　2050mm 热轧机 E1/R1 和 E2/R2 粗轧机，由于在 E1 和 E2 立辊轧机上要进行大侧压，有效减宽量最大为 150mm，为改善板坯头尾形状而设有液压短行程控制（SSC）。在 E2 及E3 立辊上设有前馈和反馈 AWC（FFAWC，FBAWC）。

　　1580mm 热轧机和 1780mm 热轧机，由于采用了定宽压力机进行板坯减宽，因此在E1/R1 和 E2/R2 粗轧机主要是 HAWC。

　　D　中间辊道保温罩和带坯边部电感应加热器

　　粗轧机出口带坯长度可达 80~90m，在进精轧机轧制过程中为减少带坯头尾温差，设置保温罩是简单易行的有效技术。

　　我国 2050mm、1580mm、1780mm 热轧机原设计已采用保温罩。太钢 1549mm 和梅钢1422mm 热轧机技术改造后增设了保温罩。

　　精轧机组前的带坯边部电感应加热器是针对轧制薄规格的产品和硅钢、不锈钢、高碳钢等特殊品种而设置的，在日本的热带轧机上应用较普遍。宝钢 1580mm 热轧机原计划轧制取向硅钢及薄规格产品，因而设有一套 2×2000kW 感应加热器，对于坯温为 1000℃、厚度为 40mm 的带坯，距边部 25mm 处坯温可升高 45℃。

E　精轧机组全液压压下及 AGC 系统

热带轧机应用 HAGC 虽然开始于 20 世纪 70 年代，但是到 20 世纪 80 年代末仍保留了电动机械压下装置，同时装设 HAGC。由于 HAGC 厚度控制效果显著，其响应频率达 15~20Hz，压下速度达 4~5mm/s，加速度达 500mm/s^2，因此 HAGC 发展应用很快。在 20 世纪 90 年代投产的 1580mm 及 1780mm 热轧机的精轧机组取消了电动机械压下装置，而采用液压缸行程为 110~120mm 的全液压压下装置和 AGC 系统。现代的 HAGC 系统厚度控制数学模型不断完善，厚度控制精度不断提高。

本钢、太钢、梅钢和攀钢的 4 套热连轧机经技术改造后，全部精轧机架（F1~F6、F7）均采用了 HAGC；而太钢 1549mm 热连轧机的 F1~F6 精轧机改造一步到位，全部采用行程为 200mm 的全液压压下及 AGC 系统。

F　精轧机板形控制技术

20 世纪 80 年代以来，世界各国对于热轧宽带钢的板形质量普遍重视起来。板形包括带钢断面凸度、断面轮廓形状（contour）及带钢的平直度。近一、二十年，国际上开发研制出各种板形控制轧机和方式，而用于热连轧机的板形控制方式主要有：工作辊弯辊装置（WRB、Double Chck Bender）、工作辊轴向移动装置（WRS-HCM）、连续可变凸度控制（Continuously Variable Crown，简称 CVC）及成对交叉辊轧机（Pair Cross Mill，简称 PCM）等。其中，WRB 或者用于独立的控制，或者用于其他控制形式的热轧机，而被普遍采用。

我国现有及改造的热带轧机所采用的板形控制为以下 3 种方式：

（1）工作辊弯辊和轴向移动（窜辊）装置（WRB+WRS）。武钢 1700mm 热轧机 1991~1993 年改造时，在 F4~F6 轧机上增设 WRS 每侧+2MN 及 WRS±150mm。太钢 1549mm 热轧机改造时，在 F1~F6 轧机上增设 WRB 每侧+1600kN，及 F4~F6 轧机上增设 WRS±150mm。攀钢 1450mm 热轧机 F1~F6 轧机利用工作辊每侧+1MN 弯辊力改造完善了板形控制装置。工作辊弯辊装置用于板形控制关键是增大弯辊力，用于平直度动态控制不论什么形式的热轧机都采用。

（2）连续可变凸度控制（CVC）。宝钢 2050mm 热轧机精轧机组（F1~F7）全部为 CVC 轧机±100mm，并在 7 个机架上又配有 WRB 每侧+1MN。本钢 1700mm 热轧机改造时，精轧机 F2~F4 设 CVC±150mm，F2~F7 机架设 WRB 每侧+1600kN。梅钢 1422mm 热轧机改造时，精轧机 F1~F6 设 CVC±100mm，F1~F6 机架设 WRB 每侧+1200kN。

（3）成对交叉辊轧机（PCM）。宝钢 1580mm 热轧机精轧机 F2~F7 为 PCM，交叉角为 10°~1.50°，F1 设每侧±1200kN、F2~F3 为每侧+1200kN 和 F4~F7 为 WRB 每侧±900kN，F4~F7 设 ORG（在线磨辊）。鞍钢 1780mm 热轧机精轧机 F2~F4 为 PCM，交叉角为 10°~1.50°，F1 设每侧±1200kN、F2~F3 为每侧+1200kN、F4 为每侧+1000kN 和 F5~F7 为 WRB 每侧±1000kN，F4~F7 设 ORG。CVC 和 PCM 都是 20 世纪 80 年代开发研制的板形控制轧机，这两种形式的轧机凸度控制能力都可以达到 1000μm 或稍大，用于轧制薄规格、低凸度宽带钢产品，都是当代先进的板形控制技术。

G　带钢层流冷却系统

带钢层流冷却系统虽然早已应用，但是对于我国老的热连轧机并不尽然，其硬件和软件并不先进。现有 4 套现代化的热连轧机和 4 套经过技术改造的老轧机，带钢层流冷却系统全部可以达到先进水平。

H　全液压地下卷取机

20 世纪 70 年代建设的武钢 1700mm 热连轧机，卷取机的夹送辊与助卷辊由气缸压下和驱动，20 世纪 90 年代卷取机改造为全部液压驱动。

20 世纪 80 年代建设的宝钢 2050mm 热轧机，带钢厚度最大为 25.4mm，卷取机夹送辊及助卷辊全部由液压缸驱动，并且助卷辊设液压踏步控制（Step Control）。

20 世纪 90 年代新建热轧机卷取机和老轧机改造卷取机均采用全液压驱动和踏步控制。

I　主传动系统交流化

随着交流调速技术的发展及矢量控制技术的应用，由交交变频调速装置供电或者由交直交电压型脉冲宽度调制型（PWM）的电源变换器供电的交流主传动电动机和采用数字式的矢量控制，20 世纪 90 年代以后完全取代了以往的由晶闸管（可控硅）整流器供电和直流主传动电动机。

1580mm 热轧机及 1780mm 热轧机主传动全部采用了 GTO 大功率元件组成的交直交电压型电源装置供电的交流同步电动机。

本钢 1700mm 热轧机改造时，将 R1 粗轧机及 F1~F7 精轧机主电动机更新为交流同步电动机，由 IGCT 功率元件组成的变频调速装置供电。

J　采用三级或四级计算机控制和管理系统

由基础自动化级（L1）、过程控制级（L2）、生产控制级（L3）、生产管理级（L4）构成多级计算机系统。我国新建和改造的热连轧机全部采用了 L1、L2 两级自动化和过程控制级计算机系统，已有 4 套热连轧机采用了 L1、L2、L3 三级计算机控制系统，少数的热连轧机采用了 L1、L2、L3、L4 四级计算机控制和管理系统。

复习思考题

1-1　试述热连轧带钢生产的工艺流程？

1-2　进行板坯宽度控制时，有哪些设备？

1-3　为什么要进行除鳞？

1-4　常见的粗轧机布置有哪些种？

1-5　为什么要采取保温措施，具体有哪些装置？

1-6　热连轧带钢采用哪些冷却方式？

1-7　热连轧带钢压下规程怎么设计？

1-8　叙述换工作辊的步骤。

1-9　交接班时都有哪些工作？

1-10　简述辊道的作用和布置形式？

项目 2 薄板坯连铸连轧生产

【知识目标】

1. 了解薄板坯连铸连轧的发展过程；
2. 了解薄板坯连铸连轧生产线设备的配置；
3. 了解国内薄板坯连铸-连轧生产线情况；
4. 掌握 CSP、ISP、FTSR、CONROLL 工艺。

【能力目标】

1. 能阐述连铸连轧生产线工艺特点；
2. 能阐述 CSP、ISP、FTSR、CONROLL 工艺；
3. 能阐述国内典型薄板坯连铸—连轧生产线的工艺及设备情况。

薄板坯连铸连轧 TSCR（Thin Slab Castingand Rolling）是 20 世纪末世界钢铁业的最新成就，是当代冶金领域前沿性、变革性技术，是氧气转炉和连续铸钢技术发明和应用之后，炼钢生产的第三次革命，是钢铁工业近年来最重要的技术进步之一。自 1989 年德国西马克公司在美国纽柯厂建成第一条薄板坯连铸连轧的热轧板生产线以来，西马克公司已建成投产 22 条 32 流薄板坯连铸连轧生产线，截至 2005 年底，全世界已有 50 多条薄（中厚）板坯连铸连轧生产线投产或在建。与传统的生产工艺相比，直接将连铸和轧制工艺紧密结合可显著提高企业经济效益。从原料至最终产品，吨钢投资能够下降 19%~34%，吨材成本能够降低 600~800 元人民币，生产周期可缩短十倍至数十倍，厂房面积、金属消耗、热能消耗和电耗分别是常规流程的 24%、66.7%、40% 和 80%。

任务 2.1 铸轧设备配置

薄板坯连铸连轧工艺与传统的热轧带钢相比，在技术和经济等方面具有非常大的优越性。传统的热轧带钢生产一般是炼钢车间负责钢水冶炼、板坯铸造，之后将热态的连铸坯或冷却后的连铸坯送往轧钢车间进行二次加热及轧制成材，炼钢工序和轧钢工序相对较独立，生产不连续；而薄板坯连铸连轧是几个工序之间紧密连续，铸坯只需在轧制前进行在线少量补热，形成一条连续的生产作业线，其特点是：（1）工艺流程紧凑，设备减少，生产线短。薄板坯厚度较薄，可以省去传统热轧带材粗轧，设备投资仅为常规流程的 58%，从而降低了单位基建造价，吨钢投资下降 19%~34%。（2）生产周期明显缩短。传统热连轧带钢生产需要 5h 左右，连铸连轧省去了大量的中间倒运及停滞时间，从钢水冶炼到热轧成品输出，仅需 0.5~1.5h，从而减少了流动资金的占用。（3）节约能源，提高成材率。由于取消了坯料轧前的二次加热，吨钢能耗下降 50%，成材率提高约 2%~3%，降低了生产成本，其成本只相当于传统热轧带钢的70%左右。（4）产品的尺寸精度高，性能稳定、均匀。（5）适合生产薄及超薄规格的热轧板卷，产品的附加值高从而实现高的经济效益。

在典型的薄板坯连铸连轧生产线上，工艺流程的主要环节如下：

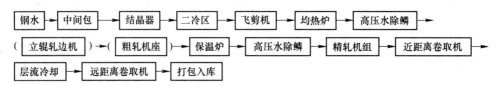

根据不同的薄板坯连铸连轧工艺技术思路，连铸连轧生产线的设备配置也有所不同。西马克公司和达涅利公司基本上是从近终形连铸的观点出发，选择较小连铸坯厚度，并考虑轧机数量和液芯压下工艺间的协调条件。而奥钢联则主张选用中等厚度坯料供给连轧机。但是近年来，这两种观点逐渐相互靠拢，确保连铸连轧这一生产方式具有更加显著的节能、低投入、低成本和高质量效果。

铸轧设备配置主要有以下几种：

（1）只有精轧机的薄板坯连铸连轧生产线。在这种轧制线上，多数由4~6架工作机座构成热带钢连轧机组，这种生产线可以称为薄板坯连铸连轧生产线的基本形式。其布置简图如图2-1所示。

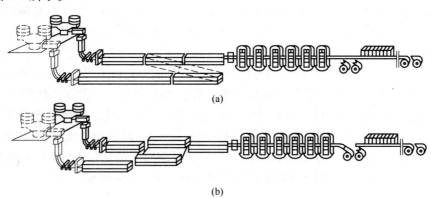

图2-1　单机双流连铸薄板坯连铸连轧生产线配置
（a）摆动连续式加热炉；（b）平移连续式加热炉

这两种机组的区别就在于两座均热炉之间钢坯连续关系。图2-1（a）给出的是摆动连续式加热炉，图2-1（b）给出的是平移连续式加热炉。前者由于摆动关系，使得相邻炉子之间的炉墙呈弧线状，增大了密封难度，后者由于是平移运动，相邻炉墙关系紧凑，端面炉墙形状简单，炉子密封性能好，现场多选取平移式的，但是后者移动所需能耗大于前者。

这种配置的生产线铸坯厚度约为50~70mm，设计年产量大多在150万吨。产品最小厚度1.0mm。

（2）单流连铸机与粗、精轧机组的薄板坯连铸连轧生产线配置。单流连铸机与粗、精轧机组构成的生产线配置如图2-2所示。这种生产线连铸坯厚度大多数为70~90mm，这种配置设计年产量多在150万吨，产品最小厚度为0.8~1.2mm。

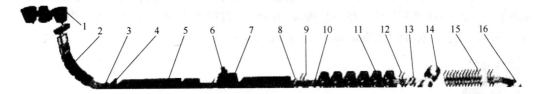

图 2-2　单流连铸机配置的薄板坯连铸连轧机组

1—钢水包；2—弧形连铸机；3—旋转除鳞机；4—摆式飞剪机；5—辊底式炉；6—立辊轧机；
7—粗轧机；8—切头尾飞剪机；9—强制冷却装置；10—精轧除鳞装置；11—精轧机；
12—强制水冷段；13—滚筒式飞剪；14—卷取机；15—层流冷却；16—地下卷取机

　　这类布置形式也可组成连铸无头轧制 ECR（Endless Casting Rolling）连铸连轧生产线，替代辊底式隧道加热炉的理想补热装置是感应加热设备。它可以通过温度闭环控制，将加热温度控制在±5℃。同时加热效率和环保效果十分具有诱惑力。受单流连铸机供坯能力限制，坯料规格厚度可达 90~110mm，这就要求提高轧机的许用轧制压力和增大轧机的刚度。

　　（3）双流连铸机与粗、精轧机组的薄板坯连铸连轧生产线配置。这种配置（如图 2-3所示）受到了大多数用户的欢迎，已经成为薄板坯连铸连轧生产线的主流配置。这是由于这类轧钢设备具有强大的轧制压力，允许采用厚度较大的铸坯，或者可以用于轧制难变形产品，如铁素体温度区轧制等产生高轧制力的产品。由于生产线采用双流连铸机配置，其年产量会高达 250 万吨。

图 2-3　双流连铸机与粗、精轧机组配置的生产线

　　（4）步进梁加热炉配置的薄板坯连铸连轧生产线。这类配置方式（如图 2-4 所示）的主要优点就是利用加热炉大的钢坯存储量，来增大连铸与连轧之间的缓冲时间。缓冲时间的大小取决于步进炉内钢坯的存放量，一般设计上可以考虑缓冲时间取 1.5~2.0h 为宜。从铸坯规格、带钢产量以及规格上讲，与前述谈及的相同。

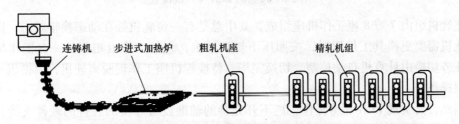

图 2-4　步进梁式加热炉配置的生产线

（5）单流单机座炉卷轧机（TSP）。这是一种将中厚板坯连铸机与一台或者两台斯特克尔轧机（Steckel Mill）组合在一起构成的薄板坯带钢生产线，配置关系如图 2-5 所示，该连铸连轧工艺简称 TSP（Tippins Smsung Process）。

图 2-5　单流连铸机与台炉卷轧机配置的薄板坯生产线

它适合多品种、低投资目的而设置的配置方式。采用单机座炉卷轧机，铸坯厚度为50~70mm，最小产品厚度 1.5mm，设计年产量为 50 万吨。TSP 工艺的原料厚度达到100~150mm，成品厚度减薄到 1.2mm，设计年产量达到了 200 万吨。这类设备上装备有液压宽度自动控制的轧边机，但是这类设备最大的缺点就是带钢表面粗糙度不好，原因是由于无精轧机组，加快了轧辊表面糙化速度。

一座现代化的 Steckel 中厚板坯的宽带钢厂于 2000 年在美国的纽柯厂建成投产。主机为一台 3300mm 的斯特克尔轧机，连铸坯厚度为 100~150mm，成品带钢厚度范围 23~19mm，宽度为 1500~2520mm，单重为 22.3kg/mm，设计能力为年产量 125 万吨。

（6）无头连铸连轧（ECR）工艺生产线的理想配置。通过对现有薄板坯连铸连轧生产线配置的分析，出现了如图 2-6 所示的一种配置方案，这是一种无头连铸连轧生产线的理想配置。对于采用 ECR 工艺生产线的配置，为了克服工作机座换辊周期与连铸机水口寿命不一致的矛盾，工艺线上可以采用两台连铸机，其中用一备一，供坯连铸机处在工作状态时，另一台处在检修状态。两台连铸机同处在生产线同一纵线的前后位置。由于动态变规格技术已经比较成熟，所以铸坯尺寸由成品规格要求和设备能力来决定。

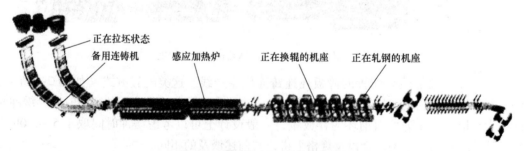

图 2-6　理想的 ECR 生产线配置

连轧机组由 7 或 8 座工作机座组成，其中总是有一台轧机处在动态换辊状态，即倘若一台轧机需要更换其工作辊时，按照压下规程要求，它的工作由相邻的一台工作机座承担，任务切换由计算机自动控制。切换完毕，待换辊机座工作辊脱离轧机，由换辊小车完成换辊操作。

当然，要实现 ECR 正常操作，离不开完善的辅助设备和检测装置的硬件支持，更需要有优化的生产计划调度系统的软件支持。但可以相信，薄板坯的连铸连轧不久将会实现并将成为成熟工艺。

任务 2.2 典型薄板坯连铸连轧技术特点

目前工业性生产的典型薄板坯连铸连轧技术有德国 SMS-Demag 公司的 CSP 技术和 ISP 技术、意大利 Danieli 公司的 FTSR 技术、奥钢联 VAI 的 CONROLL 技术以及美国 Tippings 公司的 TSP 技术等。其中 CSP 技术和 CONROLL 技术在工业生产中应用最广。

2.2.1 CSP 工艺

世界上第一家将薄板坯连铸连轧生产方式变为现实的公司，CSP 工艺具有流程短、生产简便且稳定、产品质量好、成本低、市场竞争力强等突出特点。

CSP 工艺采用的关键技术：（1）漏斗形结晶器（如图 2-7 所示）。它有较厚的上口尺寸（7~130mm），便于浸入式长水口（如图 2-8 所示）的插入，长水口和器壁间的间距大于 25mm，有利于保护渣的熔化。（2）扇形段的改进和液芯压下技术的应用。喷嘴由原来的平均布置改为按坯宽布置，解决了因坯宽不同造成的较窄断面铸坯边部冷却强度过大的问题，改进后的铸坯冷却均匀，铸坯质量得到了改善；扇形段加长，其长度由最初的 5.7m 增至 7.8m，并力求拉速达到 8m/min，有利于拉速的进一步提高。液芯压下技术是在铸坯出结晶器下口后，对铸坯进行挤压，液芯仍留于其中。经扇形段，液芯不断收缩直至薄板坯全部凝固。采用该技术后，结晶器下口厚度由 50mm 增至 70mm，上口随之增大，有利于长水口的插入。结晶器变大后可容纳更多钢水，在通过量不变的情况下，结晶器内钢水液面下降速度减慢、变稳，有利于夹杂物上浮和拉速提高。（3）液压振动装置的应用。振动装置用于改善铸坯与结晶器壁的接触，通过自由选择的非正弦波振动曲线，按选定的运动方式振动，可使负滑脱时间缩短，有效减少熔融保护渣进入铸坯和结晶器壁间隙的机会，有利于表面质量的提高。（4）电磁线圈的应用。电磁线圈安装在结晶器上部的两侧（如图 2-9 所示），具有控制液面平稳度和提高铸坯表面质量的作用。（5）在连轧区域采用新的高压水除鳞装置、精轧机前加立辊轧机和板坯平整度控制技术等。

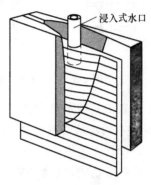

图 2-7 CSP 漏斗形结晶器

（图中标注：浸入式水口）

CSP 技术的主要特点是采用立弯式铸机、漏斗形结晶器，初始铸坯很薄，一般为 40~50mm，未采用液芯压下，连铸机后部设辊底式隧道炉作为铸坯的加热、均热及缓冲装置，采用 5~6 架精轧机，成品带钢最薄为 1~2mm。

近 10 年中，CSP 铸机的产量已从初期的 80 万~90 万吨/年提高到 150 万吨/年（美国纽柯厂 3 号铸机）。为了提高生产能力和改进铸坯质量，铸坯的厚度根据用户情况有所增加，并采用了液芯压下技术。美国 Dynamics 厂 1995 年 12 月投产的单流 CSP 铸坯厚度 70mm，第 1 次采用了液芯压下技术。邯钢 CSP 铸坯厚度为 60~80mm，因铸坯加厚而采用了 1 架粗轧、6 架精轧的轧机组成，以减轻精轧机组承担的变形压力。随着铸坯厚度的增加及拉速的提高，出于对铸坯凝固质量的考虑，铸坯的冶金长度相应增加。现 SMS-Demag

对铸坯厚度大于 70mm 的铸机也设计了直结晶器弧形铸机。

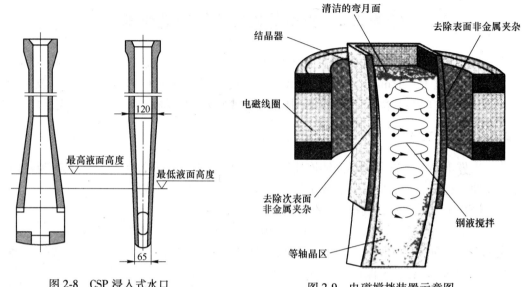

图 2-8　CSP 浸入式水口　　　　　　图 2-9　电磁搅拌装置示意图

随着工艺技术及装备方面的改进，墨西哥 HYLSA 厂的 CSP 生产线已成功实现了厚度 1mm 左右的超薄带钢批量生产，美国 Dynamics 等厂也在试生产 1mm 的超薄带钢。从钢种上看，CSP 工艺生产线可生产碳素钢、一般结构钢、深冲钢及硅钢等。

CSP 工艺的核心是 SMS-Demag 开发的漏斗形铸模。随着第 2 代 CSP 工厂的开发，产品配置和产品质量得到进一步改善，所生产的钢种数量不断增加，如生产奥氏体和铁素体不锈钢以及电工钢，高精度的控轧控冷工艺使微合金细晶粒结构钢和微合金管线钢的生产成为可能。第 2 代 CSP 生产线采用双流连铸，年生产能力已达到 250 万~300 万吨。典型 CSP 工艺流程如图 2-10 所示。

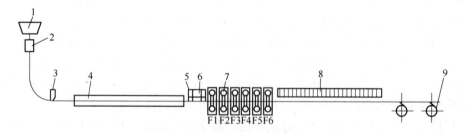

图 2-10　典型 CSP 工艺流程

1—中间包；2—结晶器；3—切断剪；4—辊底式隧道加热炉；5—事故剪；

6—高压水除鳞机；7—精轧机；8—输出辊道和层流冷却装置；9—常规地下卷取机

2.2.2　ISP 工艺

ISP 生产线的特点为：（1）生产线结构紧凑，不使用长的均热炉，均热炉总长仅 180m。钢水变成热轧带卷仅需 20~30min；（2）采用液芯压下和固相铸轧技术，可生产厚 15~25mm、宽 650~1330mm 的薄板坯，如不进精轧机，可作为中板直接外售；（3）二次冷却采用气雾冷却或空冷，有助于生产较薄断面且表面质量高的产品；（4）感应加热炉长 18m。感应加热方式使铸坯在此区段加热和均匀温度较为灵活，且升温效果好；（5）将结晶器改为带小鼓肚的橄榄状，使薄片型浸入式水口壁厚随之增加。出钢孔改在底部，其寿命显著提高；（6）流程热量损失小，采用的铸轧技术和二冷气雾冷却方式等使 ISP 生产线能耗少，节能效果明显。

ISP 技术的主要特点是采用矩形平板结晶器及扁平薄型浸入式水口、直结晶器弧形铸机。由德国曼内斯曼—德马克（MDH）公司与意大利阿尔维迪（Arvedi）集团合作研制的 ISP 连铸机采用了扁平形浸入式水口（如图 2-11 所示），水口的厚度为 30mm，壁厚 10mm，宽 250mm。由于要求水口具有耐热冲击和耐磨，因此对水口材质的要求较高，一般采用含氮化硼和氧化锆较高的高铝石墨材料以静压法压制成型。由于断面呈扁形，故比圆形或椭圆形断面的单位质量金属液的接触面要大，因而相对地减轻了 Al_2O_3 在水口壁上的沉积。这种扁

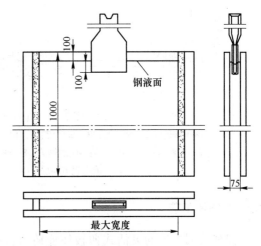

图 2-11　平行板结晶器用的薄片型浸入式水口

平形的水口在使用前的烘烤预热中应特别注意，做到均匀预热，以避免由于热应力而引起水口裂纹。该浸入式水口的最大注速可达 3t/min，在采用结晶器液面控制器时，连续浇铸时间可达 4h。

最初的 ISP 是 1992 年在意大利 Arvedi 厂建成投产的，铸坯厚度为 60mm，经 0 段的液芯压下减薄到 45mm，在铸机后设有 3 架在线预轧机架，在不切断铸坯的情况下将其轧成厚 15~25mm 的中间坯，切定尺后的铸坯，通过安装在辊道上的感应加热炉加热后进入称为 Cremona 炉的用煤气加热保温的卷取箱，两卷位的中间坯卷交替向精轧机（最初时是 4 架精轧机，现已增加了第 5 机架以生产更薄的产品）送料。该 ISP 生产线的生产能力可达80 万吨/年，最薄成品为 1mm。

荷兰 Hoogovens 钢厂的 ISP 生产线，铸坯厚为 90mm，经液芯压下后为 70mm，成品厚 1~25mm。连铸机铸出的板坯经剪切后进入辊底式隧道炉，再经 2 架粗轧机及温度控制段进入 5 架精轧机组。该生产线的特点是采用半无头轧制生产超薄带钢，成品厚度最薄约0.8mm。由于辊底炉长度为 312m，因此允许铸坯加长，最长可达一般坯长的 4 倍。因此，可使更多的带钢在有一定卷取张力的情况下进行轧制，既避免了超薄带钢在离开轧机经层流冷却辊道通向卷取机的过程中产生漂浮和不稳定，也减少了单卷轧制时头尾的厚度超差，这样可提高成品的收得率。在粗轧与精轧之间设有强冷却温度控制段，使低碳和超低碳的超薄带钢在精轧机组中进行铁素体单相区轧制，避免超薄带钢在精轧过程中由于温降产生奥氏体向铁素体的相变，即两相区轧制，避免因流变应力的突变影响轧制过程稳定，避免造成带钢力学性能不均、产品厚度波动及板形缺陷。ISP 工艺在中间坯进入精轧机组前就使其在强冷段内将温度从 Ar_3 以上降到 Ar_3 以下，完成铁素体转变后再进入精轧机组。

该机组为单流铸机，生产能力为 150 万吨/年，它代表了 ISP 的最新技术成果。

　　ISP 工艺生产线可生产深冲钢、结构钢、高碳钢、管线钢及不锈钢等。典型 ISP 工艺流程如图 2-12 所示。

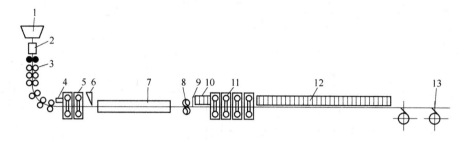

图 2-12　典型 ISP 工艺流程

1—中间包；2—结晶器；3—扇形段；4，10—高压水除鳞机；5—2~3 架预压下轧机；
6—切断剪；7—克雷莫纳感应加热炉；8—热卷箱；9—切头剪；11—4~5 架精轧机；
12—输出辊道和层流冷却；13—常规地下卷取机

2.2.3　FTSR 工艺

　　达涅利公司推出的灵活式薄板坯连铸机，英文缩写为 FTSC（Flexible Thin Slab Casting）。FTSR 技术的主要特点是高可靠性和高灵活性，连铸机的核心技术是连铸机的结晶器，这种结晶器简称为双高式结晶器，即为 H^2（High Reliability and High Flexibility）。

　　FTSR 技术的主要特点是采用凸透镜形结晶器，在铜板结晶器的下口宽面仍具有凸出的形状，一直延伸到二冷 0 段末铸坯才逐步过渡为矩形，铜板结晶器连带 0 段一起被称为长漏斗形结晶器，或称 H^2 结晶器，如图 2-13 所示。它具有 CSP 漏斗形结晶器的优点，但又减少了铸坯的变形率，有利于生产包晶钢等一些裂纹敏感性钢种，并有利于提高拉速。采用直结晶器、弧形铸机及液芯压下，但它不同于 ISP 只在 0 段完成液芯压下，而是应用一套液穴长度控制软件系统，通过所浇钢种、铸坯断面、中包温度、拉速、结晶器冷却及二冷等参数来测算和控制铸坯液穴长度，并合理分配各扇形段的压下，使最终的压下点接近液穴的末端，以减少偏析及中心疏松，提高铸坯质量。

　　FTSR 工艺按不同的要求，铸坯出结

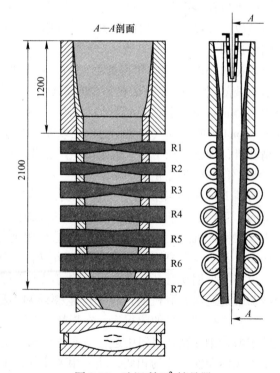

图 2-13　达涅利 H^2 结晶器

晶器厚为 50～90mm，经液芯压下后为 35～70mm，半无头轧制时，最薄的产品可达到 0.7～0.8mm，单流铸机生产线生产能力可达 160 万吨/年。加拿大阿戈马钢厂双流铸机年产 200 万吨的 FTSR 生产线于 1997 年建成。埃及阿达比亚 AL-EZZ 重工业公司的带钢直接生产厂（DSRP）单流铸机生产线一期规模为 120 万吨/年。它能代表 FTSR 的先进技术水平。该生产线的特点是按铁素体轧制和半无头轧制设计，成品厚 0.7～20.0mm，宽 800～1600mm。铸机配有 70mm 及 90mm 两种不同厚度的长漏斗形结晶器，经动态液芯压下后铸坯厚度为 70mm 或 50mm。其采用辊底式隧道炉，当进行单卷轧制时可储存 4～6 块铸坯；若进行半无头轧制，可储存 1 块长坯。另设有 1 架带立辊的不可逆四辊粗轧机，精轧机组为 5 架四辊轧机，精轧机前设有强力冷却控温段。为了实现超薄带钢的无头轧制，在精轧机后设有带钢强力冷却系统、高速滚筒式飞剪及近距离轮盘卷取机。为了进行厚规格产品的单卷轧制，在后面还设有层流冷却及 1 台地下卷取机。这是一条装备最完备的无头轧制生产线。

　　FTSR 工艺生产线可生产低碳钢、超低碳钢、包晶钢、中碳钢、高碳钢、合金钢、高强度低合金钢、硅钢及不锈钢。典型 FTSR 工艺流程如图 2-14 所示。

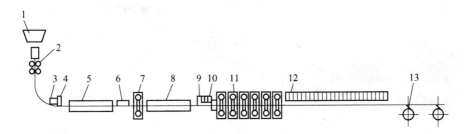

图 2-14　典型 FTSR 工艺流程

1—中间包；2—结晶器；3—高压水除鳞机；4—切断剪；5—辊底式隧道加热炉；6—粗轧高压水除鳞机；
7—带立辊粗轧机；8—加热炉；9—切头剪；10—精轧高压水除鳞机；11—5～6 架精轧机；
12—输出辊道和层流冷却装置；13—常规地下卷取机

2.2.4　CONROLL 工艺

　　CONROLL 工艺是由奥钢联工程技术公司开发的，CONROLL 工艺用于生产不同钢种的高质量热轧带卷。生产率高，产品价格便宜。奥钢联于 1988 年在瑞典的 Avesta 公司建成投产第一台 CONROLL 工艺连铸机。

　　CONROLL 工艺采用步进梁式均热炉，采用两台连铸机配一套轧机的形式，连铸机与轧机直接相接，整个均热炉分为两段即加热段和均热段。CONROLL 法采用垂直平行的结晶器（见图 2-15），扁平形浸入式水口，结晶器振动由液压装置控制，可实现正弦和非正弦形状振动。结晶器中，设置的弹片导向系统可减少振动时产生的结晶器位移，结晶器出口的板坯厚度 70mm，通过铸轧可将板坯进一步压到 50mm，然后进

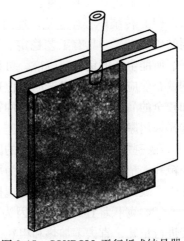

图 2-15　CONROLL 平行板式结晶器

入相连的轧制工序。

CONROLL 薄板坯连铸机的主要特点有：（1）流场优化的深中间包；（2）快速更换浸入式水口；（3）平行板式直结晶器，可远距离调节宽度和热监控；（4）有自动开浇功能的结晶器液面控制系统；　（5）可在线调节振幅、振频、波形的液压振动装置（DYNAFLEX）；（6）合理的结晶器保护渣；（7）I-STAR 中间支撑分节辊；（8）优化的辊列布置，可降低界面应力；　（9）电磁制动（EMBR）；　（10）动态冷却控制系统（DYNASHELL）。

典型的 CONROLL 中等厚度板坯连铸连轧生产线配置见图 2-16。

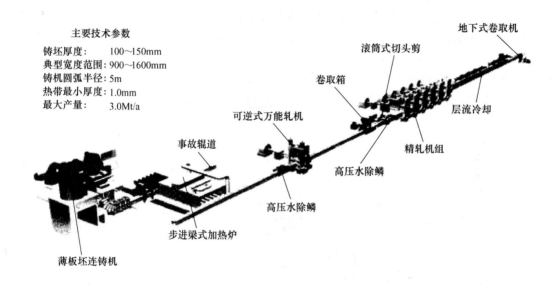

图 2-16　CONROLL 技术中等厚度板坯连铸连轧生产线配置

2.2.5　不同工艺方案的选择

生产工艺有以下几种：

（1）传统厚板坯连轧。经过多年的发展，采用将连铸后的厚板坯热送热装或直接轧制的传统工艺，具有工艺稳定、生产效率高的特点，这种传统工艺最主要的是产品质量好，所能生产的钢种范围广，可稳定生产以汽车面板为代表的许多高档板材品种。因此，钢铁企业应当根据自身产品定位选择合适的板带生产工艺，如果企业将产品定位于高质量和较全的品种，计划生产超深冲钢、高强度钢、奥氏体不锈钢、高钢级管线钢等，则应当选择采用厚板坯常规热连轧工艺。

在一些汽车工业较为发达的国家，汽车板等高档品种的生产大多采用上述常规厚板坯经粗轧、精轧的生产工艺。因为压缩比问题及薄规格连铸坯内部质量问题，薄板坯连铸连轧生产线只能生产中低档及薄规格产品，对于轿车板等高级钢板的生产还在试验阶段。

（2）薄板坯连铸连轧。因为薄板坯连铸连轧的板坯薄、厚度小，经简单补温即可直接进行精轧，省去了加热和粗轧工序，具有流程短、设备质量轻、投资小的特点，是经济型的热连轧宽带钢生产线。该种布置的生产线成品带钢的厚度范围是 1.0mm 或 0.8～

12.7mm，按其板形板厚控制技术水平，较适合生产 1.5mm 以下薄规格热轧板。目前市场对这种薄规格热轧产品需求每年都以 6% 的速度增长，而且部分产品可代替冷轧板，国内市场每吨超薄带钢的价格一般高出其他规格带钢 150~300 元，因此具有较大的发展潜力。如果企业将生产产品的钢种定位于一般品种，主要希望增大薄规格带钢产量和追求较低的投资和生产成本，那么采用薄板坯连铸连轧工艺应该是首选。现阶段薄板坯连铸连轧与最初的设计思路相比有 4 个重大变化：1）不再强调板坯越薄越好，一般采用厚度为 70mm 左右铸坯；2）连铸机的垂直段加长至 8m 以上；3）板坯宽度 1560mm 以上；4）轧线布置采用粗轧+精轧机组的方式。事实证明，薄板坯太薄，虽然减少了轧机的压力，但整条生产线的产量和产品质量都受到不利影响。一般来讲 50mm×（100~1300）mm 的 CSP 铸机，其单流年产量约 90 万吨，而 70mm×（1000~1600）mm 的 CSP 铸机，年产量可达（130~140）万吨。1999 年 Gallatin 厂把铸坯厚度从 55mm 改为 65mm 以后，产量增加 10% 以上，2000 年其单流年产量已达到 120 万吨（宽度 1016~1626mm）。

　　（3）中厚板坯连铸连轧。中厚板坯连铸连轧采用坯厚为 150mm 左右的中厚板坯，其工艺介于常规板坯生产工艺和薄（中）板坯连铸连轧工艺之间，该工艺方案的配置可采用两种：1）配备 1 台连铸机，连铸能力小于轧机能力，年产量最多为 300 万吨；2）配备 2 台连铸机，铸机、轧机能力匹配较好，接近于常规工艺，生产规模可达 400 万~450 万吨，但总投资增加，铸轧协调及生产组织和管理有一定难度。

　　目前，一些研究和少量生产试验表明，将连铸坯厚度增至 90~130mm 即可生产高级钢种，当铸坯厚度达 130mm 以上甚至可以生产汽车板，而且具有投资省、成本低的优势。以奥钢联开发的 CONROLL 工艺为代表的中等厚度板坯生产工艺，铸坯厚度达到 90~150mm，实际生产为 135mm，规模 270 万吨，采用步进梁式加热炉衔接连铸机与热连轧机。应用显示，采用 5m 弯曲半径的直弧形连铸机在生产厚 100~150mm 板坯时，可获得较好的板坯质量。

　　为了扩大中厚板坯连铸连轧的产品品种，提高该机型的市场竞争力，奥钢联、达涅利、住友金属等公司对此做了大量试验研究工作，这些机组的设计标准都很高，有的中等厚度板坯连铸连轧机组设计时的品种包括了汽车板甚至汽车面板和高级家电板。但美国 Armco 公司的 CONROLL 艺目前只可以生产 304 和 409 不锈钢；加拿大 Algoma 公司的 FTSR 中薄板坯连铸机产品方案虽包括汽车面板和高级家电板，但实际只生产了包晶钢；北极星-BHP 设计时也计划生产汽车板，但现在生产的品种为一般深冲钢和高强度钢板。

　　高档产品的生产对板坯表面质量要求很高，我国宝山钢铁公司用于轿车面板轧制用的连铸板坯修磨率约为 30%，高钢级管线板（X70 级以上）修磨率为 100%，这说明虽然连铸工艺技术不断完善，但仍然不能保证所生产的连铸坯 100% 无缺陷，这类高附加值品种还有相当数量的连铸板坯轧制前需离线修磨，这在连铸直接轧制方式下，给生产组织带来极大不便，不能发挥连铸连轧的技术优势。

　　因此，该工艺到底能否生产高档品种，目前仍然存在争议。对于高级品种的生产，目前投产的这些生产线均处于试验阶段，尚未进行高级品种的工业生产，更没有经用户使用认可的成功例证。因此，采用中等厚度板坯连铸连轧生产高档产品还有待于生产工艺的进一步发展和成熟。

任务 2.3　国内外薄板坯连铸连轧生产现状

自薄板坯连铸连轧新技术问世至今，时间不过十几年，但已有多种不同连铸薄板坯的方法，目前国外开发的薄板坯连铸连轧技术有 CSP、ISP、FTSR、CONROLL、TSP、CPR、ECCO-MILL 等多种形式，真正实现工业化规模生产的主要为前 4 种，它们各有特色，众多生产线虽都采用了薄板坯连铸连轧工艺流程，但也显示出各自不同特色的关键技术，同时各种方式也都存在不足之处。

鞍钢 1700mm 中薄板坯连铸连轧生产线（Angang Strip Production，简称 ASP），是我国第一条板坯厚度为 135mm 的连铸连轧短流程生产线，是第一条由国内自行负责工艺设计、设备设计、制造及研制和自主集成自动化系统的唯一一条具有我国自主知识产权的连铸连轧短流程生产线。

1700mm ASP 的铸坯厚度为 135mm，是中薄板坯连铸连轧短流程生产线，年产热带能力可达 200 万吨，可以生产薄板坯连铸连轧生产线难以生产的产品，如深冲钢、管线钢、焊瓶用钢等。该生产线在工艺及设备上应用开发了多项新技术，其自动控制系统也是国内研发的。生产实践表明该生产线主要设备及产品质量均达到国际先进水平的同类生产线的性能指标。

ASP 的改建是在原有半连轧 2800/1700mm 生产线基础上进行的，将原有旧设备改造后与新建的 2 台中等厚度板坯连铸机和 2 座步进式炉一起组成连铸连轧带钢生产线，布置示意图见图 2-17。

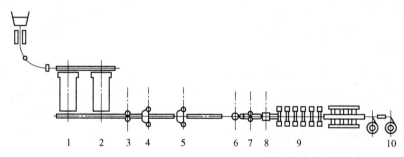

图 2-17　鞍钢中薄板坯连铸连轧工艺平面布置图

1—2 号加热炉；2—1 号加热炉；3，8—高压水除鳞箱；4—R1 粗轧机；
5—R2 粗轧机；6—热卷箱；7—飞剪；9—精轧机；10—卷取机

ASP 的工艺过程如下：（1）冶炼后的钢水经精炼处理后由中等厚度板坯连铸机进行板坯连铸，铸机结晶器直立段长 1200mm，弯曲半径 5m，冶金长度 23.8m，最大拉速 3.5m/min，铸坯厚度 100~150mm（标准坯坯厚 135mm），坯宽 900~1550mm，坯长 7000~15600mm，汽水冷却，每流铸机年产能力 80 万~144 万吨。（2）铸好的连铸坯直接进入步进梁式加热炉加热，该加热炉也是由国内设计制造的。炉子热装能力为每座 260t/h，冷装能力为 180t/h，该步进梁式加热炉装备了长行程装料机，在加热炉外留有 7 块钢坯的位置，在连铸机节奏与轧制线节奏不适应时，能够保证 30min 的缓冲时间。（3）经加热保温后的钢坯出炉后，经过高压水除鳞，进行粗轧，第一架粗轧机（R1）为可逆式，机架前设有立辊（3000kN 轧制力，驱动马达 882kW），R2 工作辊轧制力为 25000kN，传动马达 5000kW×2（交流），R1 轧机也是改建后新加设备。第二架粗轧机（R2）的轧制压力为 20000kN，传动马达 5515kW（直流），机前其立辊轧制力为 1600kN，传动马达 2×400kW。粗轧轧制道次安排为：R1 机架轧 3 道，R2 机架轧 1 道（根据需要也可以 R1 和 R2 机架各轧 3 道）。（4）经过粗轧机架轧成的 20～40mm 厚中间坯再次除鳞后送入热卷箱，ASP 产品带钢中的薄规格带钢（1.5～3.0mm）比例在 50%以上，为了保证终轧温度，ASP 生产线设立了热卷箱，热卷箱的采用不但可以提高精轧入口温度，减少中间坯温度差，还可以保证 850℃以上的终轧温度要求。（5）出热卷箱的中间坯经飞剪切头和精轧机前高压水除鳞后，进行精轧，精轧机架轧制力 25000kN，传动马达 6×3500kW（直流），最大速度 10.2m/s，最大弯辊力 1200kN，最大轴向窜动±150mm，轧后的带钢经层流冷却装置进行冷却，最后经卷取机（2 台）卷成带卷。带钢产品厚度范围为 1.5～8.0mm，宽度范围为 900～1550mm，最大卷重为 21t。

　　ASP 轧机的现代化改造由国内设计制造，改造后的精轧机装备有液压 AGC，轧辊弯辊，工作辊窜动，快速换辊等先进技术以保证带钢的厚度、凸度及平直度公差均符合标准及用户要求。轧机计算机控制系统及其软件均由鞍钢负责设计和调试。中等厚度板坯连铸机由奥钢联引进，国内外合作制造，切头飞剪由德国西马克·德马格公司引进。生产线一期于 2000 年底投产，二期工程增设第二流中等厚度板坯连铸机，于 2003 年上半年投产。

　　中等厚度板坯连铸连轧带钢生产线具有许多优势，具有我国自主知识产权的鞍钢 ASP 生产线投产后取得了很好的成绩，ASP 绝大部分机电设备由国内自制，具有自主知识产权。同时采用了具有国际先进水平的技术装备，ASP 的建设投资比引进薄板坯连铸连轧生产线少得多，ASP 的成功在国内产生了很大影响，济南钢铁集团公司决定建设双流连铸机的 ASP 生产线并由鞍钢总承包，唐山新丰钢铁公司决定新建 ASP 生产线由中冶集团公司总承包。

任务 2.4　薄板坯连铸连轧热点技术问题及发展趋势

　　当今薄板坯连铸连轧技术的发展趋势有以下特点：

　　（1）铸坯厚度适当增加。板坯的厚度是板坯表面质量和内部夹杂的主要影响因素，传统连铸坯质量明显优于连铸薄板坯的质量，而中厚板坯在质量上与传统板坯十分接近，此外中厚板坯在作业率方面具有很大潜力，因为它处于薄板坯最大生产率限制的拉坯速度与传统厚度连铸机产量的合理铸机长度之间的最佳位置。

　　板坯过薄则所生产的带材品种、规格受到制约，不能完全涵盖常规热带轧机所能生产的品种和规格（包括厚度和宽度），并在一定程度上限制了生产能力。因此，当前出现了加大板坯厚度的趋势，通过适当增加铸坯厚度、宽度，提高拉速，增加铸机流产量，有可能实现一台铸机（单流）与一组热连轧机配合生产，达到 200 万吨/年以上生产能力。如铸坯厚度增加，在不减少铸坯总重的情况下，可使长度缩短至 40m 以下，坯料减短后就可采用步进梁式加热炉，它将使缓冲容量增大，有利于整个系统灵活性、稳定性的提高。

　　从四种主要薄（中厚）板坯连铸连轧工艺的铸坯使用历程可以明显看出铸坯的厚度变化趋势，ISP 的板坯厚度从阿维迪厂的 60mm，历经 75mm、90mm 发展到韩国浦项 2 号厂的 100mm；CSP 的板坯厚度从克劳福兹维尔厂的 40~50mm、泰国 NSN 的 60mm 加厚到我国包钢和邯钢的 70mm；FTSR 的板坯厚度从纽柯、希克曼厂使用 H^2 型结晶器生产厚度为 65~70mm 的铸坯，发展到美国北极星-BHP 钢公司生产厚度为 80~100mm 的铸坯；CONROLL 和 TSP 的薄板坯的厚度保持在 75~150mm。如果采用液芯压下将板坯厚度从 60mm 压缩到 40mm，要实现连铸机单流产量达到 150 万吨/年，必须提高连铸拉速，使其达至 7.5m/min 左右。如果将板坯厚度加大到 80mm 或 100mm 后，可以继续使用漏斗形结晶器，能够保证高浇注速度和表面质量。此时需要增加粗轧机，中间坯厚度为 15~40mm，进行热卷箱卷取保温或直接送精轧机组轧制。

（2）成品规格尺寸越来越薄。薄板坯连铸连轧技术的优势在于薄规格带钢产品的生产上，成品带钢厚度越薄，生产难度越大，产品价格越高。绝大多数薄板坯连铸连轧生产线生产的热带产品规格大都在 1.2~12.7mm 之间。

20 世纪 90 年代初建成的阿维迪厂薄板坯连铸连轧生产线热轧带卷的厚度，碳钢为 1.7~12mm、不锈钢为 2.0~12mm，实际生产以 5mm 以上的居多。随着市场对不同厚度带钢的需求的变化和技术的不断进步，近期建设的新生产线在产品规格上有趋向生产薄规格产品的趋势，热轧带钢的厚度越来越薄，未来的薄板坯连铸连轧生产线的产品规格将以 1~3mm 为主。如德国蒂森公司的 CSP 生产线的产品厚度范围设定为（0.8）1.0~6.35mm；荷兰霍戈文的 ISP 生产线的产品厚度范围是（0.8）1.0~3.0mm；埃及亚历山大钢厂的 FTSR 生产线的产品规格较宽为 0.8~20mm。墨西哥希尔萨（Hylsa）钢厂目前生产的产品规格中 1.0~1.37mm 的占总产量的 25%，1.0~1.5mm 的产量占 40%，并成功地试轧了 0.84mm 厚度的带钢。

在墨西哥，希尔萨钢厂用薄板坯连铸连轧生产线生产出来的热轧带钢已取代了国内 50% 的普通冷轧带钢。在美国，已有 30%~40% 的冷轧带钢市场被热轧薄板所替代，1.2~1.5mm 厚度的产品最受欢迎，不大于 2mm 热轧带钢的价格要比同规格冷轧产品低 100~200 美元，具有很强的市场竞争力。意大利阿尔维迪公司 ISP 生产出的 0.8~1.5mm 热轧酸洗板表面凸度小于 $0.4\mu m$，已全面替代这一规格的冷轧板，用户反映良好。

随着产品质量的提高，薄板坯连铸连轧技术现已在全方位向传统热连轧生产线发起了挑战，应用推广速度不断加快。有些公司为了提高产品附加值，已先后用薄板坯连铸连轧生产线的热轧带钢为原料，增设了酸洗、热镀锌、冷轧等工序以扩大产品的品种和提高经济效益。

（3）产量规模越来越大。西马克公司为美国纽柯公司设计的第 1 条生产线生产能力为 50 万吨、第 2 条生产线生产能力为 70 万吨，德马克公司为意大利阿维迪设计的生产线生产能力也是 50 万吨左右热轧带卷，新建的希尔萨 CSP 生产线设计年产量为 75 万吨。

将这些生产线的冶炼能力、连铸能力与轧机能力进行对比，轧机产量一般都在 200 万吨/年，产量受限均不是热连轧机的能力造成的，而是冶炼能力或连铸能力不足引起的。这些生产线的冶炼设备都只配备了一座电炉，由电炉改为转炉后，世界第一套 CSP 技术的生产厂采用 2 座 90t 转炉和 1 流连铸机加 1 套热轧机的设备配置，年产量达到了 97 万吨。要充分发挥热连轧机的能力，合理的薄板坯连铸（单流）连轧生产线年产量应大于 100 万吨/流，各企业都已充分注意发挥连铸机的能力（200 万~280 万吨/年），新建的产量大多都定为 200 万~300 万吨/年。为此，采用转炉可能更有利于轧机能力的发挥，炼钢能力得到解决之后，薄板坯连铸机在拉速、厚度、宽度等参数上更需优化，以满足提升后的炼钢能力对薄板坯连铸机的能力的匹配要求。

（4）传统生产线改造增多。随着众多传统企业对薄板坯连铸连轧工艺优势的认识，为了占据市场，各企业纷纷利用现有老厂的高炉—转炉设备，改建薄板坯连铸连轧生产线，以专门生产薄规格、超薄规格的热轧带钢，既可用热轧超薄板替代相当一部分商品冷轧板，节约冷轧厂的投资，又可解放传统热带钢轧机的能力，促进增产，因此，目前国内外都出现了传统生产线改造增多的现象。

（5）连铸技术提升。从连铸连轧生产线的总体运行状况看，薄板坯连铸机的各工艺参数面临进一步优化选择，铸坯厚度—凝固时间—冶金长度间的关系直接影响轧机架数和布置方式及铸机本身结构。如铸坯厚度适当加厚，则凝固时间延长，冶金长度增加，这样，立弯式铸机应改为立弧型，更易避免产生鼓肚。这其中凝固系数 k 的选择尤显重要。西马克公司铸机 $k=25$，适于厚度约 50mm 的低碳钢种，当厚度大于 80mm 后，尤其是裂纹敏感的钢种及包晶钢等，应选择 $k=22$。为使薄板坯连铸机高效、安全运行，它的水冷系统正向结晶器冷却、二次冷却和二冷段支撑辊的内冷却三部分发展。

（6）增设温度补偿。在轧制超薄规格带钢时，由于受到终轧机架处带钢温度不能过低的限制，带坯在轧制过程中的再加热问题将会成为一个新的关注点。

复习思考题

2-1 什么是薄板坯连铸-连轧技术？
2-2 薄板坯连铸-连轧技术有什么特点？
2-3 薄板坯连铸-连轧生产线配置有哪几种形式？
2-4 什么是 CSP？
2-5 什么是 ISP？
2-6 什么是 FTSR？
2-7 什么是 CONROLL？

项目3 冷轧板带钢生产

【知识目标】

(1) 了解冷轧板带钢生产的发展;

(2) 了解冷轧板带钢的工艺特点;

(3) 掌握冷轧板带钢的工艺流程;

(4) 掌握冷轧板带钢的工艺制度;

(5) 掌握涂镀层钢板生产工艺;

(6) 掌握冷轧板带生产设备的组成、布置与结构;

(7) 掌握制定压下规程的方法和步骤。

【能力目标】

(1) 具有认识轧辊结构及选择的能力;

(2) 具有对冷轧板带轧机进行操作及调整的能力;

(3) 具有对冷轧产品缺陷进行分析及控制的能力;

(4) 具有对冷轧带钢生产进行工艺制度设计的能力;

(5) 能处理典型生产事故。

任务3.1 概　　述

3.1.1 冷轧带钢优点

冷轧是轧件在室温下进入轧机,塑性变形过程前后不发生再结晶的轧制方式。与热轧带钢比较,冷轧带钢具有以下优点:

(1) 厚度小。现代冷连轧宽带轧机可生产厚度为 0.2~3.5mm 的冷轧板,经过双机架二次冷轧可生产出厚度为 0.10~0.17mm 的冷轧板,它作为镀锡原板(俗称黑铁皮)用。现代可逆式冷轧机可生产出厚度为 0.15~3.5mm 的冷轧板,多辊轧机或窄带钢冷轧机可生产出厚度最小为 0.001mm 的产品。我国冷轧薄板按照厚度不同分为一般薄板(厚度为 0.15~3.8mm)、较薄薄板(厚度为 0.07~0.25mm)和极薄板(厚度为 0.025~0.05mm)。

(2) 精度高。冷轧板厚度精度可达 $\pm 5\mu m$,平直度可达 5~20I(I 为平直度单位,1I 单位为 10^{-5} 相对长度差)。

(3) 表面质量高。热轧板表面粗糙度一般为 $20\mu m$,酸洗后为 $25\mu m$。冷轧板粗糙度,按用途不同分为三种:一是无光泽板,表面粗糙度为 $3~10\mu m$,一般适用于做冲压部件,涂喷漆,附着性强;二是光亮板,表面粗糙度大于 $0.2\mu m$,用作装饰、镀铬用厚板;三是压印花纹板，采用表面粗糙度为 $70\sim120\mu m$ 的平整辊平整钢板，用于仪表壳及家具装饰等。

（4）性能好、品种多、用途广。通过一定的冷轧变形与轧后恰当的热处理的配合，可以在较宽范围内改变性能，满足多种用途的要求。

汽车零部件用薄板几乎全部需要冲压成型，塑性应变比是重要的冲压性能指标之一，热轧板的塑性应变比仅可达 $0.8\sim0.95$，而冷轧板 08Al 钢塑性应变比为 $1.4\sim1.8$，第三代汽车板可达 $1.8\sim2.8$。

3.1.2　冷轧产品生产流程

目前我国生产的冷轧带钢品种有普板、酸洗卷、硬卷、汽车板（卷）、镀锌板（卷）、镀锡板（卷）、彩涂板（卷）、压型板（卷）、不锈钢板（卷）、电工钢板（卷）。成品供应状态有板、卷，或纵剪带形式，这要取决于用户要求。

冷轧板带钢的产品品种很多，生产工艺流程各有特点。各种冷轧产品一般生产流程见图 3-1。图中的工序，其作用是较单一的，但是，由于其机组一般为连续式机组，增加了一些附属设备和附属功能，故机组的作用就要多一些，下面简要介绍主要工序及其机组的作用。

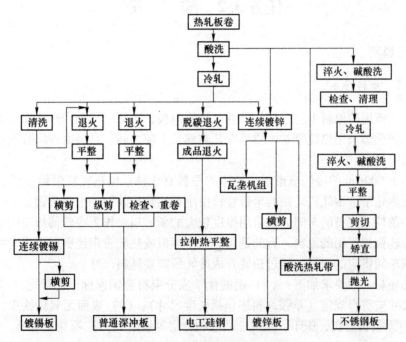

图 3-1　冷轧薄板生产工艺流程

（1）酸洗除去热轧带钢表面氧化铁皮，改善带钢板形和表面质量，切去质量不合格的带头带尾，将小卷并成大卷，对热轧带钢切边，得到边部质量好且宽度一定的酸洗卷。

（2）轧制对酸洗后热轧卷进行轧制加工，得到用户要求的几何尺寸，为后部工序提供所需半成品；在轧制过程中，可消除部分原料缺陷，并改善板形，以保证后部工序顺利再加工。

（3）清洗在退火、涂镀前，冷轧带钢都要进行清洗，以去除表面残存的轧制油、机油、粉末和灰尘等污物。当清洗不干净时，退火后这些污物成为碳化物，既有损外观，也是后步工序产生事故的原因，特别是对涂镀层钢板，产生表面层不均，使耐腐蚀性变坏。

（4）退火消除冷轧带钢加工硬化和残余应力，软化金属，提高塑性，以便进一步进行冷轧或加工，改善冷轧带钢组织结构，与冷轧配合产生所需要的晶粒大小和取向，使冷轧带钢获得所需要的机械性能和物理性能。

（5）平整消除带钢屈服平台，提高带钢成型性能，避免冲压时在加工度较低的平坦部分（如汽车车体部件、罐头上下底部）产生滑移线；改善板形；使带钢获得一定的表面结构，如粗糙度要求；通过调整平整率使钢板性能在一定范围内变化。比如通过调整平整率可以使造罐头用镀锡板具有不同的硬度与塑性，适应不同的用途，比如要求罐头顶、底的硬度、强度要高于筒壁。

（6）剪切横切机组把平整来料切成一定规格的成品板并堆垛整齐，同时进行切边涂油，在线质量检查。重卷机组把平整来料切边、涂油、在线质量检查，然后分切成小的成品卷。纵切机组对平整来料切头、切边、涂油、质量检查，并重卷分切成用户需要的成品卷，或纵切成条，然后分切成用户需要的窄带卷。

任务 3.2　酸　　洗

3.2.1　冷轧原料

3.2.1.1　坯料种类

冷轧板带所用的原料主要有热轧带卷、热轧钢板、热轧窄带钢和热轧扁钢等。现代化冷轧带钢车间全部采用热轧带卷，质量在几吨到几十吨之间，它是由连续式热带钢轧机或炉卷轧机供应的。

宽度小于 600mm 的冷轧窄带钢，使用的原料有 3 种：用热轧宽带钢卷经分条剪切的窄带卷；由热轧窄带钢轧机轧制的窄带卷；由小型热轧机轧制的窄扁带钢。

在一些条件不完备的车间，也采用厚度较大的条形扁钢作为冷轧薄板带的原料。

单张冷轧钢板使用的原料，有的是用热轧中厚板或热轧带钢经剪切而得的板坯；有的是采用型钢车间供应的扁坯，经过热轧开成冷轧所需要坯料尺寸。

对冷轧坯料一般要求如下：（1）钢的化学成分应符合国家标准的规定；（2）坯料厚度和宽度尺寸应符合规定（单张坯料还包括长度尺寸）；（3）表面无氧化铁皮，边部无裂纹等；（4）无条状划伤、压印、压坑、凸泡和分层等缺陷；（5）带卷无塔形、松卷。

3.2.1.2　坯料常见缺陷及其对冷轧生产的影响

冷轧所使用的各种形式的原料，最常见的缺陷是表面氧化铁皮压入、边部裂纹、表面麻坑、凸泡过大、纵条状划伤、沿纵向厚度不均、沿横向厚度偏差过大、沿纵向呈镰刀弯或 S 弯、钢卷塔形、浪形扁钢、长舌头、冷松卷等。凡属表面缺陷（裂纹、麻坑、凸泡、划伤等）应以程度不同而区别，经修磨处理符合公差尺寸和技术规程要求者，即可通过相应的措施处理；凡缺陷超过规程规定的，应作判废处理，不宜勉强进行轧制。凡属尺寸方面的缺陷，也应按具体情况分别处理。坯料常见缺陷及其对冷轧生产的影响简述如下：

（1）宽度及厚度偏差。原料带钢宽度偏差是指带钢全长内偏离公称宽度的数值，实际生产中带钢宽度往往是中间窄两头宽，有时中间窄得剪不着边，两头宽得剪下的毛边超过了允许宽度。实践证明，带钢宽度超过最大允许偏差时，剪边过宽，入碎边剪后不易被剪断，往往造成碎边剪出现事故。相反，当带钢宽度过窄时，剪边过窄，在带钢中心出现偏离时，可能出现空过圆盘剪而造成空剪窄尺，当带钢在连续酸洗作业下运行时，往往会出现跑偏事故。热轧带钢的厚度。由于轧制过程中轧件温度不均匀和张力波动，通常头部较尾部厚 0.15~0.20mm；有时由于操作方面的原因，带钢某段出现一边厚一边薄，或一段厚一段薄的现象，或者出现带钢全长超厚现象，这些都会给并卷焊接及冷轧造成困难。因此，对于不同厚度的原料带卷，其厚度偏差都有具体的要求，例如带钢厚度小于 3mm时，厚度偏差应为 ±0.20mm；带厚为 3~5mm 时，厚度偏差为 ±0.24mm；带厚大于 5mm时，厚度偏差应为 ±0.27mm。

（2）夹杂及氧化铁皮压入。夹杂和氧化铁皮压入，从外观看较容易发现，夹杂和氧化铁皮压入采用酸洗的方法多数是不易清除掉的；轻微的夹杂和氧化铁皮压入，即使能够酸洗掉，但会造成其他部位板面过酸洗，个别情况将会使板面留下坑痕，冷轧后坑痕扩大而造成废品。

（3）划伤。原料表面出现超过厚度正负偏差一半深度的划条称为划伤。这种缺陷在冷轧过程中不易消除，最终会导致成品板带降级。实践证明，当原料表面存在不大于厚度正负偏差一半的压痕、发裂、麻点、划伤、凸泡及轧辊网纹时，在 40% 的冷轧压下率轧制后基本上都可以消除。

（4）气泡和结疤。气泡和结疤是指从外观上不易被发现的两种缺陷，它们只有当原料经过酸洗后才暴露出来。气泡呈现为孔隙或裂缝状态，结疤呈现为凹坑状。经过冷轧之后，这两种缺陷都不易被消除。

（5）边部或中部浪形。原料存在边部和中部浪形，是热轧产品的缺陷。它往往是由于在热轧过程中两边或中间与两边压下量不均，轧件加热不均匀，而使纵向延伸不均匀造成的。使用具有这样缺陷的原料，是难以冷轧出高质量成品的。特别是有这样缺陷的热轧带卷，在连续机组上运行时，浪形下部表面往往出现新的划伤，如果浪形严重时，在剪边后还会出现多肉和卷取后出现端部松紧不同等缺陷，在冷轧过程中出现跑偏、轧皱和轧制不稳定等现象。

（6）镰刀弯和 S 弯。镰刀弯和 S 弯出现在热轧带钢中，它是指带钢中心线沿带钢长度方向出现的镰刀形和 S 形的变化。

有镰刀弯和 S 弯的原料在连续机组和在冷轧机组轧制时，必然引起带钢跑偏，严重时造成断带事故。同时它们在圆盘剪上剪切时，往往不能保证带边均匀和取直，使带钢卷取时产生塔形，钢卷上下两端松紧不匀。

产生镰刀弯和 S 弯的原因是，热轧过程中两边压下量不匀和加热温度不均。它属于无法消除的缺陷。为保证冷轧过程顺利进行，带钢的镰刀弯应符合技术标准的规定。

（7）塔形。热轧带钢出现镰刀弯后，在卷取成卷时必然出现塔形。塔形钢卷在吊运和在辊道上运送时，塔峰易窝折或卡出破口。当窝折的折角小于 90° 时侧必然被拉辊压成折叠。当破口深度超过剪边宽度时，破口则不能完全剪掉。当带钢跑偏时可能在破口处被拉裂。塔形钢卷在连续作业线和轧制过程中，钢卷中心线不易始终对准作业线或轧制中心线，经常造成跑偏事故。

（8）扁卷。扁卷是在以钢卷为原料时出现的一种缺陷。它是在过高温度下卷取后，在辊道上卧式放置运输时，吊卸不及时及钢卷互相冲撞挤压造成的。当扁卷的内径小于开卷机的锥体最小直径时，则扁卷只有被判废改作他用。

（9）长舌头。长舌头多出现在热轧带钢的尾部，它是因为带钢在轧制过程中尾端失去控制，使其延伸自由所造成的。有长舌头的钢卷不利于开卷，往往需要多次反复才能拆开。同时，由于增加了切头质量，使金属成材率降低。

另外，热轧带钢卷外圈应标明炉罐号、钢质、规格、质量及卷序号等，以防混淆。

3.2.1.3　清除氧化铁皮的方法

清除氧化铁皮的方法有以下 3 种：

（1）机械破鳞法。主要有砂轮研磨、弯曲破鳞和喷丸破鳞 3 种形式。

砂轮研磨除鳞可采用手动砂轮或专用砂轮磨床。由于此法效率低，除鳞后钢板表面质量差，所以在原料除鳞中很少采用，只是在去除个别局部铁鳞时才采用。

弯曲破鳞主要安装在连续酸洗作业线上。带钢表面的氧化铁皮，因带钢的反复弯曲而被破碎。此法能起到破碎铁鳞和有利于提高酸洗除鳞的效果，但不能完全清除铁鳞。所以弯曲破鳞与酸洗除鳞联合在一起使用。

喷丸破鳞的作用与弯曲破鳞相似。该装置是将喷丸（细小的铁珠）用高压空气送入高速旋转的叶片上，获得加速度之后，均匀地喷打在运动的带钢表面上，达到破碎和清除板面铁鳞的目的。由于此法可使全部板面受到喷丸的喷打，所以破鳞效果好，效率高。生产实践中喷丸破鳞装置多安装在连续酸洗作业线上，与酸洗配合使用，大大加快了酸洗除鳞的速度和提高酸洗除鳞的质量。

（2）化学除鳞法。此法主要利用氧化铁皮能和酸发生化学反应的基本原理，使钢板或钢带全部浸泡在一定浓度的酸液中，并使它与酸液作相对的运动，加速化学反应过程的进行，最后达到清除表面氧化铁皮的目的。此法虽可将铁鳞全部除掉，但所需时间较长，特别是对铁鳞厚度不匀的板料，往往发生局部过酸洗，局部铁鳞未除净的缺陷，所以在有条件的情况下，也尽量不单独采用。

（3）机械—化学联合法。此法是目前最普遍采用的除鳞形式，从设备上看可分为弯曲—酸洗和喷丸破鳞—酸洗两种形式。

3.2.2　酸洗操作

酸洗法有酸法、碱酸法、氢化物法、电解法，酸法有硫酸法和盐酸法。与硫酸酸洗比较，盐酸酸洗速度更快，质量高，酸洗缺陷少。通过鲁斯纳喷雾焙烧法的废酸可以获得再生循环使用，再生过程中获得的副产品氧化铁粉是高附加值产品，有多方面的用途，盐酸的腐蚀性较强，对设备材料的耐腐蚀性能要求较高。因此，随着盐酸废液回收问题及新的耐酸材料的出现和盐酸与硫酸价格发生变化，自 20 世纪 60 年代以后盐酸酸洗法逐渐得到广泛应用。这里只介绍盐酸酸洗法。

3.2.2.1 盐酸酸洗的原理

热轧带钢表面氧化铁皮一般是由 Fe_2O_3、Fe_3O_4 或 FeO 构成的。由于铁的氧化过程是 $Fe \rightarrow FeO \rightarrow Fe_3O_4 \rightarrow Fe_2O_3$，因此，氧化铁皮结构一般是：内层（紧贴钢的基体）FeO，外层（直接与大气接触）Fe_2O_3，中间层 Fe_3O_4。氧化铁皮的组成和结构随着钢的化学成分、热轧温度、加热及终轧温度、轧后冷却速度、周围介质的含氧量变化而变化。由于碳素钢和低合金钢表面上的氧化铁皮具有疏松、多孔和裂纹的性质，加之在酸洗机组中随同带钢一起经过矫直、拉矫、传送的反复弯曲，使这些孔隙增加和扩大，故酸洗时酸溶液在与氧化铁皮外层 Fe_2O_3、中间层 Fe_3O_4 反应的同时，也通过裂缝和孔隙与内层 FeO 和钢的基体起化学反应。

盐酸酸洗机理可以概括为以下三个方面：

（1）溶解作用。带钢表面铁皮中各种氧化物溶解于酸液内，生成可溶于酸液的正铁及亚铁氯化物，从而把氧化铁皮从表面除去，其反应为：

$$Fe_2O_3 + 6HCl === 2FeCl_3 + 3H_2O$$

$$Fe_3O_4 + 8HCl === 2FeCl_3 + FeCl_2 + 4H_2O$$

$$FeO + 2HCl === FeCl_2 + H_2O$$

在上面三个反应式中，最后一个反应最快，内层 FeO 的溶解加速了整个酸洗过程。盐酸酸洗主要靠溶解作用去除氧化铁皮。

（2）机械剥离作用。酸溶液通过孔隙和裂缝与铁皮中和基体中铁反应，产生大量氢气，由于氢气的膨胀压力，把铁皮从带钢表面剥离下来。其反应式为：

$$Fe + 2HCl === FeCl_2 + H_2 \uparrow$$

在盐酸酸洗中有 33% 氧化铁皮是靠机械剥离而去除的，但基铁与酸反应会造成基铁和酸的损失。同时，反应中产生的氢原子有一部分扩散到基铁中而造成氢脆，造成酸洗不均匀和质量缺陷，因此不希望发生酸与基铁的反应。硫酸酸洗温度一般比盐酸酸洗温度高，氢的渗透随着温度的升高而增加。因此这两种酸洗带钢渗氢程度相差较大，实际生产中盐酸酸洗没有发现氢脆现象和酸洗气泡缺陷。

（3）还原作用。一部分氢原子靠其化学活性及很强的还原能力，将高价的铁氧化物和高价铁盐还原成易与酸作用的低价铁氧化物及易溶于酸液的低价铁盐，反应式为：

$$Fe_2O_3 + 2[H] === 2FeO + H_2O$$

$$Fe_3O_4 + 2[H] === 3FeO + H_2O$$

$$FeCl_3 + [H] === FeCl_2 + HCl$$

分析使用过的酸洗溶液会发现酸液中含有极少量的三价铁离子（如在盐酸酸洗时，总酸度为 200g/L，废酸中含二价铁离子 120g/L，三价铁离子只有 5~6g/L）。这是因为酸洗时生成的初生氢使三价铁的化合物还原成亚铁化合物。

需要说明的是在连续酸洗机组里，带钢通过浸泡酸洗后还要清洗，有时还需要钝化处理。

清洗的作用是把带钢表面残留的酸液和其他杂物冲洗干净，以利钝化工艺取得良好效果。冷水洗槽要经常保持满流，高压水要不停地冲洗，水压应保持在 0.5MPa 以上。在上述条件下，冷水中酸的质量浓度不得超过 0.1g/L，否则酸洗后的带钢容易锈蚀。冷水中酸的质量浓度每昼夜检验一次。热水槽的热水温度要在 95℃ 以上，热水中不应有酸质，以防带钢锈蚀。热水槽出口的一对挤水胶辊要压紧，保证最大限度地挤掉带钢表面的水分。

在连续酸洗机组里，酸洗后带钢进行涂油，使带钢在轧制前存放期间（1 天左右）不生锈。可是，在框式酸洗中，只能用带钢钝化来防锈。钝化是使酸洗后的带钢表面形成钝化膜，提高抗环境腐蚀能力，一般保证带钢在 2~3 天内不再生锈。钝化液是 1%~4%（质量分数）亚硝酸钠（$NaNO_2$）的水溶液，带钢在室温钝化液中的钝化时间为 30s。

3.2.2.2　酸洗机组

为提高酸洗的生产效率，现代冷轧车间一般都设有连续酸洗加工线，宽带钢的酸洗分为卧式和塔式二类。图 3-2 为卧式连续盐酸酸洗机组。

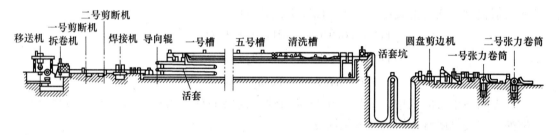

图 3-2　带钢卧式连续盐酸酸洗线

A　酸洗前矫直机

带钢在酸洗前常用五辊矫直机进行矫直。矫直机的作用是使带钢由拆卷和氧化铁皮破碎机产生的弯曲得以矫直，也能在一定程度上使带钢浪形和由于拉辊两边辊缝不均造成的带钢小浪形得以减少，从而消除因带钢板形不好在机组上运行时产生的表面划伤，保证带钢头尾剪切断面平直，有利于焊接和光整，保证剪边和卷取的质量。

矫直机矫直带钢的过程是：使带钢在矫直机运行中受到与原弯曲方向相反且逐次减小的反复弯曲，最后达到消除原始曲率，使带钢平直的目的。此外，带钢由于受到多次反复弯曲，矫直机在一定程度上起到破碎带钢氧化铁皮的作用。实际上，五辊矫直机也是一种最简单的氧化铁皮破碎机。

当矫直厚度为 2~4mm 的带钢时，可用辊径为 200mm 的五辊矫直机。矫直辊采用材料为 50 号钢、洛氏硬度 45~60 的辊子，生产约 50 万吨带钢需重磨一次矫直辊。当矫直辊使用到辊身直径小于轴承瓦座高度和保证不了矫直最薄带钢所需上下矫直辊间隙要求时，矫直辊便报废。

B　闪光焊机

连续酸洗机组上常采用闪光焊机和激光焊机，但目前最常见的是闪光焊机。

对焊是相邻两卷带钢的端头经剪切机切头切尾以后，在对焊机上对接起来，以保证酸洗机组的连续生产。对焊机的形式有闪光对焊机、二氧化碳气体保护焊机和惰性气体保护焊机。目前，碳钢大多使用闪光对焊机。

闪光焊是电阻焊的一种，又叫火花焊。它利用带钢本身的固有电阻及带钢端面的接触电阻，当通以电流时，引起金属的加热和烧化。接触面被熔化时，发出强烈的火花。然后中断电流，给予大的顶锻力，带钢两端部在高压下被锻接在一起。由此可见，带钢闪光对焊由闪光（熔化）和顶锻两个过程组成。顶锻又可分成带电流顶锻和不带电流顶锻。闪光焊接机如图 3-3 所示。

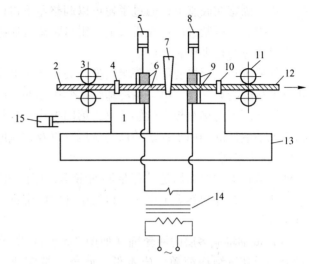

图 3-3　闪光焊接机示意图

1—活动牌坊；2—后带钢；3—后调整辊；4—后定心立辊；
5—后压紧液压缸；6—后上下电极；7—定缝刀；8—前压紧液压缸；
9—前上下电极；10—定心立辊；11—前调整辊；12—前带钢；
13—固定牌坊；14—变压器；15—推动活动牌坊液压缸

a　闪光焊接原理

闪光焊接的原理和过程如下：首先，调整好带钢两端头的距离，并用对焊机压紧缸或钳口夹紧带钢，通过变压器 14 送电，电流通过电极加热带钢头尾，与此同时用液压缸推动活动牌坊，使带钢焊接头互相接触。在焊接开始时，这些接触点压力不大，其电阻相当大，焊接电流把接触点及其邻近区域的金属很快加热到熔化温度，使带钢头尾接触部分形成液态金属过梁，连续的迅速加热使过梁处液态金属加热至沸点，呈现金属蒸气。当金属蒸气的压力大于液态金属的表面张力时，过梁发生爆破，于是迸发出强烈的火花，形成闪光。活动牌坊连续靠近，使火花在焊接过程中连续迸发，这样，将热量传导到焊接头的深处，直到烧化过程完了为止。最后，当活动牌坊触及到顶锻行程开关时，顶锻缸动作，以一定的顶锻力迅速将带钢头尾锻接，并在顶锻过程中切断电源。松开压紧缸或钳口，对焊过程完毕。

小型闪光对焊接机的结构如图 3-4 所示。

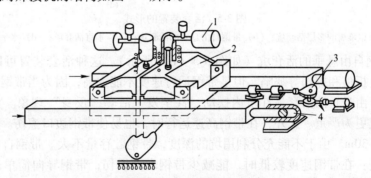

图 3-4　小型闪光对焊接机的结构

1—压紧风动液压缸；2—钳口；3—烧化传动装置；4—顶锻传动装置

b　闪光焊机结构

对焊机由下列部件组成：底座、夹具（上下钳口、左右钳口）、烧化带钢的传动装置、顶锻传动装置、风动装置、电气装置、冷却系统等。

下钳口固定在底座上，通过手轮可以调整左下钳口的水平位置。上钳口由固定于机盖上的弹簧提起。压紧缸固定在机盖上。钳口距离可通过右钳口中间的固定螺母来调节。烧化过程可通过凸轮来控制和调节。

电气系统包括焊接变压器等级转换开关、烧化电动机、操作台和控制柜；冷却系统包括 4 条平行的冷却支线，第一条冷却焊接变压器的二次线圈，第二条冷却接触栅，第三条冷却焊接变压器的接触板和接触角钢，第四条冷却接触钳口；风动液压系统包括压紧两个钳口的风动液压缸和用于顶锻的风动液压缸以及相应的各种风阀。

C　活套装置

活套装置的主要作用是贮存足够的带钢，使机组头（尾）部段在进行带钢上卷、直头、剪切、焊接及卸卷等工序时，机组中部段的带钢仍能连续运行。目前，活套装置的形式有 4 种：

（1）带钢堆成多层的活套坑（如图 3-5（a）所示）。这种活套装置的优点是带钢贮存量大，活套坑结构简单，成本低。此外，带钢能以较高的速度进入坑中。一个长度 12m、深度为 4m 的活套坑可贮存带钢长度达 280m。这种活套装置的主要缺点是带钢容易造成折痕；带钢从坑中拉出速度太快时，容易擦伤带钢表面。这种活套装置一般用于厚带钢机组。

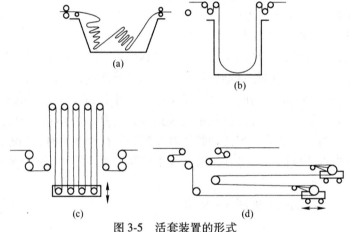

图 3-5　活套装置的形式
（a）带钢堆成的多层活套坑；（b）带钢自由悬垂的活套坑；（c）垂直活套塔；（d）水平活套车

（2）带钢自由悬垂的活套坑（如图 3-5（b）所示）。这种活套装置可以消除带钢在活套坑中产生折痕和擦伤等缺陷，但是带钢运行速度不能太高，因为当带钢板形不好又高速运行时，自由悬垂的活套易在坑内摆动，甚至发生活套"反身"现象。对于薄带钢来说，摆动情况更为严重。此外，在带钢高速运行时，也易使带钢边口擦伤。这种活套坑深度一般为 12~30m。由于不能充分利用坑的深度，带钢贮存量不大。带钢自由悬垂的活套坑主要优点是：在带钢速度较低时，能减少带钢表面损伤；带钢导向简单；占车间面积小。与垂直活套塔和水平活套车相比，其机械设备较小。这种活套坑一般用于带钢速度低和贮存量不大的机组上。

（3）垂直活套塔（如图 3-5（c）所示）。其主要优点是带钢贮存量大，带钢不易跑偏，占车间面积小；带钢速度较高时，带钢边口擦伤比自由悬垂活套要少。其主要缺点是垂直高度高、机械设备贵、带钢断带后穿带较困难。垂直活套塔有上面辊子固定而底横梁上下移动和底部辊子固定而上横梁上下移动两种形式。第一种形式用得较广，因为移动底横梁能使带钢张力保持不变，可以使机械和电气控制简单，但是辊子维修和穿带要在高空进行。这种活套用于高速机组上。

（4）水平活套车（如图 3-5（d）所示）。目前，在卧式酸洗机组、退火机组上，广泛采用水平活套车。其主要优点是垂直高度低，带钢转向辊少，带钢张力容易保持恒定。但是，水平活套车需要有很长的水平移动距离。为了防止活套车上面的带钢下垂到下面的带钢上，一般都装有带钢分离器，使上、下层带钢相互不接触。这使活套车的机械设备复杂，造价高，活套车的移动速度也受到一定限制。活套车的最大移动速度为 120 ~ 135m/min。

D　酸洗槽

a　浅槽酸洗

浅槽酸洗是相对深槽酸洗而言的。普通深槽酸洗机组酸洗槽的深度为 1500~2000mm，深的可达 3000mm，钢带在酸洗槽中呈自由悬垂状态，钢带通过酸洗槽需要的牵引力大；槽内酸洗液量很大，每次加热酸液的时间长；断带及临时故障的处理时间长。

针对深槽酸洗的缺点，奥地利鲁兹纳工业设备股份公司提出了浅槽酸洗的概念。槽深约 1000mm，液面高 300~500mm，钢带通过酸槽酸洗时，没有自由垂度，而是靠酸液形成的液垫托住钢带，使钢带不与槽底接触。机组一般设 2~4 个酸洗槽，每个槽内酸液的质量分数不同，每个槽有独自的酸液循环系统，酸液从地下的收集罐经过泵和热交换器，用管道从酸洗槽底进入酸洗槽。槽底每隔 5~10m 布置一个进酸口，按照两个进酸口之间钢带的质量来考虑进口酸液的流量和压力，以形成液垫托住钢带。酸液压力应选得适当，一般采用 0.3MPa 的酸泵供酸，在槽底酸液出口处造成 0.01MPa 压力即可，若压力过大可能造成钢带拱起，这时需要将供酸压力调小。槽内设有溢流口，与酸液出口一起接到地下收集罐，这样形成酸液循环。普通酸洗槽断面如图 3-6（a）所示，浅槽酸洗槽断面如图 3-6（b）所示。

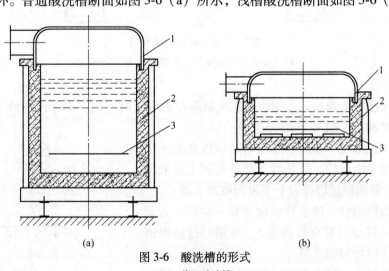

图 3-6　酸洗槽的形式

（a）普通酸洗槽
1—槽盖；2—酸洗槽（深槽）；3—酸洗的带

（b）浅槽酸洗槽
1—槽盖；2—酸洗槽（浅槽）；3—酸洗的带

b　湍流（紊流）式酸洗

湍流酸洗是将酸洗液送入很窄的酸洗室槽缝中，使酸洗液在钢带表面上形成湍流状态。湍流酸洗技术是由德国 NDS 公司在 1983 年开发的。酸洗时，钢带在酸洗室中在较高的张力状态下运行，酸洗液的流动方向与钢带的运行方向相反，呈湍流状态，因此可以提高酸洗速度并改善酸洗质量，钢带表面酸洗残留物可以达到不大于 $50mg/m^2$（浅槽酸洗能达到 $100\sim200mg/m^2$，深槽酸洗能达到 $200\sim300mg/m^2$）。由于酸洗段张力状态是优化的，因此可以减少张力辊及导向辊的设置；设有深槽酸洗所用的垂度控制或浅槽酸洗所用的跳动辊等装置；设置拉伸矫直机也不需要另加张力装置。当机组断带或发生故障时，可以很快地（3min 左右）将酸槽中的酸液放入储酸槽中；酸槽盖可以打开，能很快找到断带处，能比较方便地焊接好钢带断头恢复生产。

湍流酸洗机组的出口段和入口段的工艺设备配置，与深槽酸洗、浅槽酸洗的基本一致，仅酸洗段的酸洗方式有所不同。

c　喷流酸洗

喷流酸洗技术是由日本三菱重工开发成功的。喷流酸洗的酸洗液是用喷嘴向钢带喷射，喷射方向与钢带的运行方向相反。钢带在酸洗槽中呈张紧状态，而且酸液循环系统与湍流酸洗相同。由于酸槽内钢带的运动及酸液的逆向喷射流动，因此酸洗时间可以缩短，酸洗后钢带的表面质量得到改善，HCl 及蒸汽消耗下降，钢带在酸槽内运行很稳定。喷流酸洗槽的构造如图 3-7 所示。

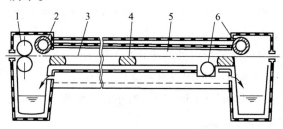

图 3-7　喷流酸洗槽的构造
1—挤干辊；2，6—喷嘴；3—带钢；4—垫；5—酸液

E　涂油机

为了使酸洗、干燥后的带钢表面在轧制前存放一定时间内（10 天左右）不锈蚀，卷取前需进行涂油。一般采用 20 号工业油。

辊式涂油机如图 3-8 所示。由电动机传动的下涂油辊 2 在油槽 1 中旋转，喷油嘴 4 将油喷到上涂油辊 3 的表面上，带钢经过辊缝后上下表面被涂上油。

辊式涂油机涂油，油层往往较厚和不均匀，为此在涂油机出口装设一对空转毡辊 5，带钢经过毡辊挤油后，油层变得均匀和减薄。

在带钢有浪形、瓢曲和折棱等缺陷的地方，涂油往往不均，甚至有空白面。

油应呈中性或微碱性，不允许呈酸性。每隔一定时间油要检验一次。油温应经常保持在 50℃ 左右。为

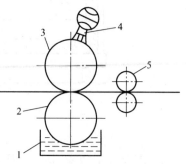

图 3-8　辊式涂油机示意图
1—油槽；2—下涂油辊；3—上涂油辊；
4—喷油嘴；5—毡辊

使油泵不被磨损和油喷嘴不堵塞，油需要进行过滤，除去杂质。

在半连续酸洗机组和框式酸洗作业中，没有涂油机，酸洗后带钢的防锈就用钝化处理来保证。

任务 3.3 冷 轧 操 作

3.3.1 冷轧的特点

（1）轧制温度低，在轧制过程中将产生不同程度的加工硬化，有时需要多个轧程。由于轧制温度低，轧制过程中或轧制间隙时间内，带钢都不产生回复和再结晶，上一道次产生的加工硬化会完全遗传到下一道次，加工硬化积累起来使带钢越轧变形抗力越大，轧制力也就越大，带钢塑性和韧性变得越差。此外，根据轧制原理，轧制力增加会引起轧辊弹跳量和弹性压扁量增加，当它们的量值接近要轧的带钢厚度时继续轧制，不管辊缝如何调小，轧制道次如何增加，带钢的厚度将不再减小，这一厚度称为最小可轧厚度。因此，冷轧时，尤其是轧较硬较薄的带钢时，如何减小轧制力是一个需要解决的问题，办法一是采用多辊轧机，减小工作辊直径，并采用大张力轧制；二是在冷轧中途进行中间软化退火。

根据实验，轧制 08Al 钢时，当对钢加工 50% 变形量时，钢的强度增加 1.8 倍，而屈服极限增加 2.2 倍。在一般冷轧过程中，在进行了 60%~80% 的变形量后就必须对钢进行软化退火，以降低变形抗力，改善塑性；退火后，再进行冷轧。在每两次软化退火之间完成的冷轧过程叫一个轧程。带钢钢质越硬，成品越薄，所需轧程越多。当然，我们希望在一个轧程完成整个冷轧过程，以免进行中间软化退火。

（2）采用大张力轧制。冷轧中张力的作用主要是：防止带钢在轧制过程中跑偏（即保证正确对中轧制）；使带钢保持平直，改善板形；减轻轧件三向受压的应力状态，降低变形抗力，进而降低轧制力，减小轧辊弹性压扁，以利于轧制更薄的产品；适当调整各架主电机负荷。

跑偏将破坏正常板形，轧后轧件出现楔形横断面和镰刀弯，而且一旦出现轧件偏向辊缝一侧轧制，则轧件有继续向这边偏移的趋势，如不加以控制，就不能保证稳定的轧制过程，甚至引起操作事故、设备事故。造成跑偏的根本原因是轧制中轧件的纵向（即轧件长度方向）延伸沿横向（即轧件宽度方向）不均匀分布。轧件总是向延伸小的一侧偏移。而引起延伸不均匀的因素有多种，比如咬入时喂钢不对中辊缝、轧件沿横向温度分布不均匀或组织性能分布不均匀、轧前辊缝未调平行、来料楔形等，因此跑偏是轧制操作中一个容易发生的问题。

防止跑偏的方法有：

1）控制轧机操作变量，如压下量，使工作辊缝（或称负荷辊缝，为轧钢时辊缝）为对称的凸形，即中间缝隙大，两边缝隙小。在这样的辊缝中轧制时，轧辊对轧件的作用力沿水平方向的分量迫使轧件自动定位于辊缝中心；

2）采用侧导板夹持轧件；

3）采用轧件对中控制；

4）采用大张力轧制。

采用张力轧制时，轧件内部产生张应力，如果轧件横向出现不均匀延伸，则轧件横向的张应力会发生相应变化，延伸大的一侧张应力减小；延伸小的一侧张应力增大；张应力变化会反过来引起延伸的变化，张应力增加的地方，延伸增大，张应力减小的地方，延伸减小，因此，通过"延伸不均→张应力分布改变→延伸不均减小"这一自动反馈控制过程，轧件横向延伸分布会趋于均匀，从而达到纠偏的目的。

与其他纠偏方法比较，张力纠偏优点是针对延伸不均，张应力分布瞬时改变，同步性好，无控制时迟，能立即见效，在某些情况下可以完全代替前两种方法；缺点是张应力分布的改变不能超过一定限度，否则，会造成裂边、轧折，尤其是边部张应力大时容易产生裂边甚至断带。由于热轧时带钢屈服强度很小，更易产生这些问题，因此，热轧不能仅靠张力纠偏，还必须采用其他方法防止带钢跑偏。

（3）工艺润滑。为保证轧后带钢有高的表面质量和板形，除采用高质量轧辊外，还要采用工艺润滑和冷却。工艺润滑主要作用是减小金属的变形抗力，同时也有降低轧件的变形热、冷却轧辊及改善板形的作用。

在冷轧过程中，由于金属的变形及金属与轧辊的摩擦产生的变形热及摩擦热，使轧辊及轧件产生较大的温升。而辊面温度过高会引起工作辊淬火层硬度下降，并有可能促使淬火层内残余奥氏体发生分解，使辊面出现附加组织应力，同时辊面温度过高也会使冷轧工艺润滑剂失效，使润滑剂的油膜破裂，使轧制过程不能正常进行。此外，在冷轧中，轧件温度过高会使带钢产生浪形，造成板形不良，一般带钢的正常轧制温度希望控制在 $90 \sim 130℃$，但在实际生产中带钢的温度容易高于 200℃，出现这种情况时应停轧。

工艺润滑剂有轧制油和乳化液两大类。润滑剂的选用与轧制品种、规格及轧机形式有关。轧制薄的（0.35mm 以下）和变形困难的带钢，如轧制镀锡原板、硅钢、不锈钢等，（在接近成品的一、二道次必须）要使用润滑性能良好的动物油、植物油，如棕榈油、牛油或合成油等，并采用直接供油，把油水混合物直接喷射到带钢上，一次性使用排放。同时另设供水系统进行轧辊和带钢的冷却。显然，这种方式油耗量大，并要对含油废水进行特别处理。一般冷轧时使用兼有润滑和冷却两种功能的乳化液，通过冷却和过滤可以循环使用，到一定时间进行更换。此外，为了控制带钢局部凸起等板形缺陷，宽带轧机采用在辊身长度方向多段冷却和各段冷却液流量单独可调方式，以便在不同段、喷射不同量的乳化液进行辊身凸度调节。

乳化液是一种通过加入乳化剂的作用把少量的油剂和大量的水混合起来，制成乳状的冷润液，水作为冷却剂和载油剂起作用，油作为润滑剂起作用。对乳化液的要求是：当以一定的流量喷到板面和辊面上时，既能有效地吸收热量，又能保证油剂以较快的速度均匀地从乳化液中离析并黏附在板面与辊面上，这样才能及时形成均匀、厚度适中的油膜。乳化剂含量过高将妨碍油滴的凝聚和离析。需结合具体的轧制条件通过生产实验确定乳化剂的含量。

轧制所需乳化液是随着轧制速度和电机功率的增大而增加的。

3.3.2　全连续轧制

3.3.2.1　全连续轧制分类

按照带钢冷连轧轧机与其他辅助工序的连续机组连接情况，可将冷轧带钢全连续轧制分为以下几种：

（1）单一全连续式轧制也就是常说的无头轧制，在轧制过程中，连续供料，不断轧制，相对于一个换辊周期，来料无限长。延长来料长度的方法是将相邻两卷（或根）料首尾互相焊接在一起，或采用连续浇注。目前，无头轧制不仅在冷连轧带钢生产中得到实现，而且在线材、热连轧带钢生产中也有成功的例子。

与常规单卷连续轧制比较，单一全连续式轧制的优点是：消除了穿带和甩尾时低速、状态极不稳定、易产生事故的轧制过程，使轧机生产率提高、产品质量提高、变形过程效率提高以及生产线操作人员减少。其缺点是：设备重量大，基建投资费用高；自动化水平要求高，必须具有动态变规格的功能，控制技术复杂；焊接质量要求高；需在酸洗机组工艺段进行钝化处理（因为酸洗后涂油的带钢在活套中极易跑偏，不能涂油，需在酸洗机组的工艺段增设钝化处理装置，对带钢进行钝化处理，以防带钢在储存期间出现锈迹）；由于受出口飞剪剪切能力的限制，一般成品厚度大于 2mm 的带钢不能用全连续式轧制，有的还保留单卷常规轧制的生产方式；生产维护工作量增加，故交接班或因断带及设备事故进行处理时，所需停机时间较单卷常规轧制稍长。

（2）联合（复合）全连续式轧制是冷连轧机与其他辅助工序的连续机组（如连续酸洗、连续退火机组）联合起来的无头轧制。目前多为酸洗—冷轧联合的无头轧制。与单一全连续式轧制比较，联合（复合）全连续式轧制的优点是：操作和仓库管理人员大大减少，产品成材率及质量得以提高，节省设备，比如不再需要冷连轧机组入口段步进梁（或运输链）、开卷机、钢卷直头矫直机、酸洗机组出口段的卷取机、助卷机、步进梁（或运输链）、捆卷机、轧机入口段的焊机等，可节省酸洗机组与冷连轧机组之间的仓库面积。但酸洗机组的速度有时（如轧汽车板时）不能满足冷连轧机的要求，故障率有可能比单一全连续式轧制多，造成停机机会增多，机组利用率下降。

（3）完全联合式全连续轧制酸洗—冷轧—热处理全过程联机实现的无头生产。1982年投产的世界上第一套酸洗—冷轧—连续退火完全联合式全连续轧制机组，分为 8 段：入口段、除鳞段、冷轧段、清洗段、退火炉段、后部处理段、平整段和出口段。

从世界范围看，尽量缩短从矿石冶炼开始的整个钢材生产流程和实现大范围内的各个工序的连续化生产将是今后钢材生产技术发展的一个重要趋势。

3.3.2.2 实现单一全连续轧制的关键技术

实现单一全连续轧制的主要关键技术：

（1）确保焊接性能，轧制断带率低（小于 2.5%），焊接时间短，焊接工艺过程实现自动化。

（2）有带钢储存装置，活套储存量大，并且要实现活套自动控制。

（3）焊缝自动探测，检测精度高。在焊缝到来时，轧机要减速轧制，焊缝过后恢复到原来的稳定轧制速度，动态规格变换点和轧后分卷剪切点应在焊缝附近，因此需要焊缝探测和跟踪。

（4）精确的焊缝跟踪和钢卷头尾及位置跟踪。

（5）在轧制中动态规格变换，变换段长度约为两机架间距离。动态规格变换技术是全连续轧制成功与否的关键。所谓动态规格变换就是在不停轧机的情况下，在计算机控制下，在极短的时间内大幅调整辊缝和速度，以使轧制一种钢种、厚度或宽度产品的规程变换成轧制另一种钢种、厚度或宽度产品的规程。按变规格点沿轧制线的推移顺序，动态规格变换的控制方式可分为顺流控制和逆流控制。所谓顺流控制就是顺着轧制线改变各机架的辊缝与速度，即当变规格点到达机某机架时，除调节该机架辊缝与速度，以使前面各机架能过渡到新规程外，还要顺流调节后面各架的辊缝和速度，以保持原规程的厚度与张力制度。顺流控制时，第一架辊缝和转速的设定值在动态规格变换时只变动一次，第一架转速也可以不变。所谓逆流控制就是当变规格点到达某机架时，除调节该机架辊缝和速度，以使后面各机架仍维持原规程各轧制参数外（主要是该机架后张力及后面各机架间张力不变），还要逆流调节前面各机架的速度，使之过渡到新规程的厚度与张力制度。

（6）带钢用连轧机后飞剪分卷，张力波动要小，并快速导向。

（7）带钢留在机架内快速换辊。全连续轧制快速换辊装置的形式与常规式冷连轧机的换辊装置的形式（转盘式、侧移台车式）有所不同，主要有双轨侧移车式和双套筒式快速换辊装置。前者是利用上下两层轨道，将上下工作辊分开离开带钢表面，使上辊悬在下辊上，从双层轨道移出机架，并换上新工作辊。后者是由装于四轮车上的一对套筒组成，能任意提升和下降每个工作辊，并能旋转上套筒，使其对准轧辊与接轴之间的扁头，将上下工作辊分别套住，随后将两个工作辊在不与带钢接触的情况下，移出机架，换上新工作辊。

（8）板形在线检测和计算机闭环控制。

（9）生产过程全盘自动化，过程控制最佳化，没有计算机系统投入运行不能轧钢。

3.3.2.3　单一全连续式轧制工艺流程

2030mm 冷连轧机组工艺流程如图 3-9 所示。该五机架冷连轧机有单一全连续式轧制（如图 3-10 所示）和常规单卷轧制两种方式。轧制所用原料：无头轧制时，热轧带卷厚度 1.8~4.5mm，宽度 900~1850mm；常规单卷轧制时，热轧带卷厚度 1.8~6.0mm，宽度 900~1850mm，最大卷重 45t，年需热轧卷 237.8 万吨，最高轧制速度为 1900m/min，最大轧制力为 29400kN。轧制产品规格：无头轧制时厚度 0.3~2.0mm，宽度 900~1850mm；常规单卷轧制时，厚度 0.3~3.5mm，宽度 900~1850mm。

一般采用全连续无头轧制方式，但对少数较厚的带钢及材料质地较硬的带钢也可采用常规的单卷轧制方式。

当采用全连续无头轧制方式时，热轧带钢经酸洗后不涂油而代之以钝化方法对带钢进行表面防锈处理。热轧酸洗钢卷由天车运至开卷机的槽形步进梁运卷系统。每个步进梁可停放四个钢卷。为了能连续轧制，在一个钢卷开卷时，需要另一个钢卷做好准备，故设有两套开卷装置交替工作，在一个钢卷开卷即将完毕，另一个钢卷经槽形步进梁运至开卷机旁，在步进梁末端与开卷机之间设有钢卷上料小车，在钢卷从步进梁运往钢卷小车过程中，自动测量带钢宽度使钢卷的中心停放在钢卷小车的中心上。与此同时，设在此处的钢卷直径测量装置动作，小车将钢卷抬升至钢卷中心和开卷机卷筒的轴线一致位置时，小车带动钢卷水平移动，使开卷机的卷筒套入钢卷中孔内，然后开卷机的卷筒涨开，使钢卷孔与卷紧密贴合，能随开卷机的轴转动。

两台开卷机交替工作，一台在开卷时，另一台做上卷及开卷准备。处于准备状态的开

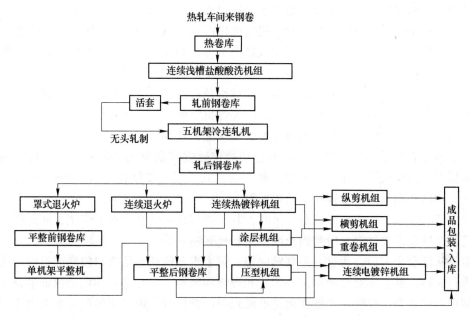

图 3-9　2030mm 冷轧车间工艺流程

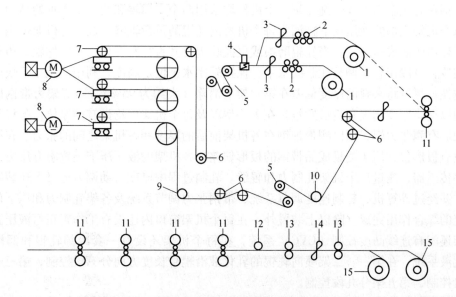

图 3-10　2030mm 五机架冷连轧机设备布置示意图

1—开卷机；2—夹送辊矫直机；3—机械横切剪；4—焊接机；5—张力辊组；6—控制辊组；7—活套小车；
8—卷扬机；9—导向辊；10—跳动辊；11—轧机；12—板形测量辊；13—夹送辊；14—飞剪；15—卷取机

卷机的卷筒先缓慢反向转动，测量仪测出带钢卷头，并使卷头处于钢卷上部并停在压辊下，此时在进钢方向伸出一个开卷刮刀，开卷刮刀抬起并插入卷与其端头之间，然后开卷机和压辊正向旋转，于是带钢沿开卷刮刀导入五辊矫直机中。

带钢开卷后经夹送辊进入矫直机，继续向前就送到剪切机处。夹送辊控制带钢进料速度。矫直目的是为下一步的焊接做准备，矫直机由两个上压辊和三个下压辊组成。在带钢矫直后需要将带钢端部剪掉，并分成 600mm 的短条，投入废料箱。带钢端部有损坏或厚度不符合规定的尺寸，如不剪掉，会影响焊接过程。

当前一个钢卷的带钢即将轧完时，机组进口段速度自动减到爬行速度，矫直机上矫直辊压下矫直带钢头部，如果带头有损伤或规格不符，则在切头剪切机剪掉。剪切后的带钢通过测厚仪，检查和核实前后两个卷的厚度，以便自动调整焊机的焊接参数及在厚度方面对中焊接。带头进入焊机之前，前一卷的尾部也经过剪切机和测厚仪进入焊机，矫直机上矫直辊压住带尾，将其送入焊机内，于是闪光焊机将前一卷的尾部和后一卷的头部焊在一起。焊接的主要目的是尽量延长来料长度，实现无头轧制。

前后两个卷焊接后，进口段立即加速到规定速度（通常为 780m/min），将带钢充入活套内储存，以保证轧机连续不断地轧制。活套共三层，总储存量为 720m，带钢在活套内的张力和防止跑偏由张紧辊和导向辊控制。

设置活套是因为在进口段进行焊接时，开卷机停止向活套内充入带钢，而此时连轧机还在轧制，这就需要储存一段带钢长度供给轧机轧制。

带钢从活套出来后，通过一系列转向辊、张力辊及跳动辊从进口段底部返回、送入轧机内进行轧制，其中还通过带钢定心装置和焊缝检测器。定心装置作用是保证带钢中心线与轧制中心线重合，焊缝检测器作用是准确跟踪焊缝位置。第一架带钢后张力由 2 号张紧辊组产生，并由跳动辊保持恒定。

带钢在五机架内连续轧制，每一个机架均采用两个支撑辊和两个工作辊的结构。轧制时由每个机架上部的液压压下缸调整每个机架内轧辊的负荷辊缝。调节各机架带钢速度和张力，轧出所需成品厚度。当轧辊磨损或更换轧辊时其直径有变化，下支撑辊下边有楔形调整装置，可以用它来调整轧制线水平，保持轧制水平恒定高度。利用液压压下快速控制的优越性，尽量将来料的厚度偏差在第一架上消除（大约为 95%），第五架为带钢精轧机架，用以提高厚度精度和板形质量。在第一架前及每个机架后均设有测厚仪，各机架间及第五架后有测张力辊，用以测量带钢在各机架前后的厚度和各机架之间的张力。在第五架后还设有板形仪，用于测量成品带钢的板形偏差。各机架的液压压下装置附有压力传感器和位移传感器，测量每个机架轧制力和辊缝。轧制过程中厚度自动调节通过上述装置收集数据，并经过计算机、轧制速度调节系统、带钢张力调节系统及各架轧制力和压下位置调节系统的综合作用完成。除以上装置外，在每个机架窗口内还设有工作辊正弯液压缸，在第五架还配有连续凸度控制（CVC）系统，在每个机架还设有一套冷却轧辊和润滑带钢的乳化液系统，在第一、二架喷向轧辊的乳化液沿辊身长度方向分三段控制，第三、四架分五段控制，第五架分九段控制。

如果在连续轧制过程中需要变规格轧制，则轧机在轧制程序动态切换状态下工作，由过程计算机进行控制，按轧制程序切换要求，适时地切换过程自动化系统的控制量，完成两种轧制程序交替平稳的过渡，在此过渡阶段轧机末架出口速度要降至 300m/min 左右。

在末架出口还设有飞剪前后辊道及飞剪、带钢分导装置和磁力皮带、两台卷取机。带钢经过轧制轧到规定厚度后，送到卷取机上重新卷成钢卷。两台卷取机交替工作，当 1 号卷取机即将卷取完成时（焊缝测量仪测出量各卷之间焊缝的位置），轧机减速，飞剪前后的夹送辊夹紧带钢，启动飞剪将带钢切断（切除焊缝）。位于飞剪后夹送辊出口处的下方有 5 个压缩空气喷嘴接通气源，使切断后的夹送辊出口的带钢端部上抬而越过 1 号卷取机的进口被其上部的磁力皮带吸住送往 2 号卷取机的进口，导入 2 号卷取机进行卷取。卷取好的钢卷由各卷取机的钢卷小车卸下并运到输出运输链上。在输出运输链的第四卷及第五卷位上相应地设有半自动打捆机和称重装置对钢卷打捆和称重。待称重完毕，钢卷的实际数据已经齐备，又过程计算机把钢卷数据送生产控制计算机系统。至此，过程计算机控制该钢卷生产周期结束。

常规轧制方式的带钢在酸洗后可涂上轧制油防锈。轧机进口段的两台卷取机中只有靠近轧机的 1 号开卷机能用于常规轧制开卷。

当轧机由全连续无头轧制改为常规轧制时，需要用第一架前的剪断机把带钢切断，并将后一部分带钢的端头由设在剪断机前的带钢夹持器夹住，待以后恢复无头轧制时重新穿入轧机内轧制。然后常规轧制的钢卷可以在 1 号开卷机上卷。

轧完的钢卷经鞍形运输链、检查台、打捆机、称重机、点焊机由吊车运至镀层机组或经翻钢机送到罩式退火炉进行退火。

轧机的工作辊采用侧移小车快速更换，无头轧制时，换辊时带钢仍在轧机内无需切断。

轧机为单辊传动，即上下工作辊由各自的主电机传动，工作辊的轴承为四列圆锥滚柱轴承，支撑辊为带静压的 Morgoil 油膜轴承，配有各种不同用途的液压站供应液压压下装置、工作辊完辊装置、轴承润滑等液压油。

3.3.3　先进的冷轧机

3.3.3.1　HC 轧机

A　特点

HC 轧机也称做高性能轧辊凸度控制轧机。在四辊轧机上，支撑辊辊身与工作辊辊身是全长接触的，而另一边工作辊辊身仅与轧件宽度部分相接触。工作辊与支撑辊间的受压情况和弹性压扁情况主要受带钢宽度的影响，但是由于工作辊上、下两面的接触长度不相等，即工作辊与轧件的接触长度小于工作辊与支撑辊之间的接触长度，产生不均匀接触变形，并使工作辊产生附加弯曲，即图 3-11 中指出的有害接触部分使工作辊受到悬臂弯曲力而产生附加弯曲。如果将工作辊与支撑辊间的接触长度调整到与轧件接触长度接近，消除辊间的有害接触部分（如图 3-12 所示），则工作辊由于弹性压扁分布不均匀造成的挠度将显著减小。根据这一想法，设计出 HC 轧机。

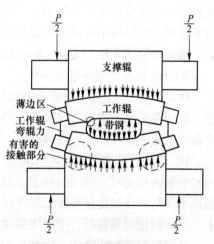

图 3-11　一般四辊轧机工作辊
和支撑辊的接触情况

HC 轧机如图 3-13 所示。在工作辊 3 和支撑辊 1 之间，增设了可以沿着轴线移动的中间辊 2 和 4。若将中间辊的辊身端部调整到与带钢边缘相对应的位置（图 3-13 所示的位置），这样，在非传动端，上工作辊上下两面的接触长度几乎相等，减小了压力分布的不均匀情况，弹性压扁分布较均匀，上工作辊的挠度相应减小。在传动端，情况是相同的，只是上、下辊间的关系倒了一下。

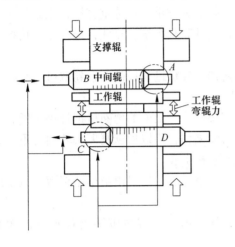

图 3-12　HC 轧机辊系

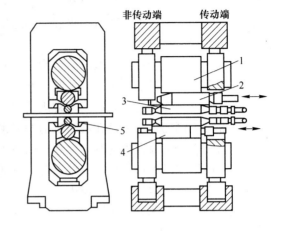

图 3-13　HC 轧机结构简图
1—支撑辊；2—上中间辊；3—工作辊；
4—下中间辊；5—工作辊正弯曲液压缸

HC 轧机有下列优点：（1）增强了弯辊装置的效能。由于工作辊的一端是悬臂的，所以用很小的弯辊力就能明显改变工作辊的挠度。（2）扩大了辊形调整的范围。由于中间辊位可以移动，即使工作辊原始辊形为零（即轧辊没有凸度），配合液压弯辊也可以在较大范围内调整辊形，因此可减少备用轧辊的数量。（3）带钢板形稳定性好。实践表明，当中间辊调整到某一位置时，轧制力波动和张力变化对板形的影响很小。这样，可减小冷轧张力，也能控制良好的板形，并减少了板形控制的操作次数。（4）可以显著提高带、钢平直度，可以减小带钢边部变薄和裂边部分的宽度，减少切边损失。（5）可加大压下量。这是由于压下量不受板形限制的缘故，从而提高了轧机产量。

B　HC 轧机的辊系稳定条件

HC 轧机的 6 个轧辊组成一列布置，工作辊有液压正弯或正、负弯，它的弯辊力效果比一般四辊轧机的弯辊力效果增大约 3 倍以上，因此可选择较小的弯辊力而效果大。通过弯辊力变化进行在线板形微调补偿，实现板形的闭环控制。

HC 轧机的结构与四辊轧机最大区别在于设有一套轴向移动装置，如图 3-14 所示。中间辊的轴向移动可用液压缸的推、拉来实现，与 CVC 轧机的轴向移动机构相似。将中间辊轴承座与液压缸连接装置安装在操作侧，便于操作和换辊，油压回路采用同步系统保证上、下中间辊对称移动，中间辊移动油缸在机架左右立柱内侧上，易于加工维护。

轧辊辊颈与轴承之间，轴承与轴承座之间，工作辊、中间辊、支撑辊的轴承座之间及轴承座与机架窗之间，压下系统之内均存在着接触间隙，再加上张力波动和加减速产生的惯性力变化，使得辊系存在不稳定性。辊系的不稳定，将造成产品厚度不均，轴承受冲击载荷的影响而降低寿命，并且使辊面磨损加剧。为使辊系在轧制过程中保持稳定，必须使轧辊及其轴承座在轧制过程中始终受一固定的侧向力约束，即让轧辊的轴承座受一方向始终不变的水平力。四辊轧机通常采用使工作辊中心垂线相对于支撑辊中心垂线有一偏移量的方法来满足稳定性要求。HC 轧机采用中间辊相对支撑辊和工作辊有一个偏移量的方

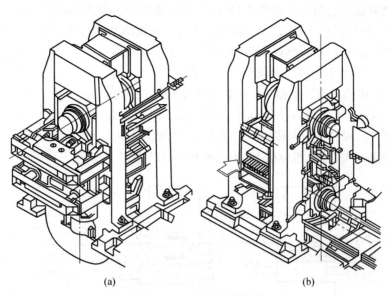

图 3-14　HC 轧机结构简图

（a）传动侧；（b）操作侧

法，满足稳定性要求。

3.3.3.2　UC 轧机

A　定义

UC 轧机（Universal Crown Control Mill）基本上是一台 HC 轧机，但是增加了新的功能，能进行多样化的板形控制。它除了具有 HC 轧机的特点外，主要增加了中间辊弯辊装置。此弯辊装置有一个随动定位块，它可以使弯辊力始终作用在中间辊轴承中心，即使中间辊有轴向移动时也是如此。因此 UC 轧机是一种采用小直径工作辊、中间辊弯辊、中间辊移动和工作辊弯辊 3 种装置进行板形控制的轧机，如图 3-15 所示。

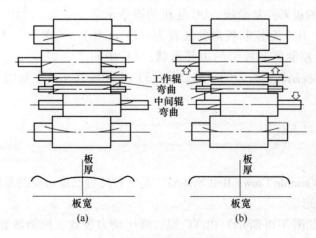

图 3-15　UC 轧机的原理图

（a）小直径工作辊 HC 轧机；（b）UC 轧机

众所周知，轧制薄板或高硬度的材料时，使用小直径工作辊是有利的。但工作辊直径过小由于刚性降低，也会出现如图 3-15（a）所示那样的带钢边部附近变薄，难以保证生产出平直的高质量带钢。因此，为了抑制小直径工作辊的整体弯曲，对可移动的中间辊也增设弯辊装置，这样就可得到如图 3-15（b）所示那样高质量的带钢，这便是 UC 轧机。

B　UC 轧机的类型、特点和板形控制原理

（1）UC 轧机的类型。根据 UC 轧机的工作辊直径与辊身长度的比值不同，可将 UC 轧机分为：（1）UC-1 轧机 $D_W/L=0.4\sim0.2$；（2）UC-2 轧机 $D_W/L=0.2\sim0.1$；（3）UC-3 轧机 $D_W/L<0.1$。按照中间辊移动及中间辊和工作辊均移动，UC 轧机也分为 UCM 轧机和 UCMW 轧机两种。UC-1 轧机包括 UCM 轧机和 UCMW 轧机，如图 3-16 所示。

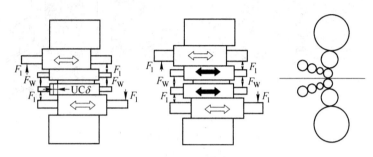

图 3-16　UC 轧机的分类

（2）UC 轧机的结构特点。由于 UC 轧机可使用很小直径的工作辊，因而适合轧制薄而硬的材料。当工作辊直径很小时，工作辊的水平挠曲则成为不可忽视的问题。为了防止挠曲，UC-2 和 UC-3 轧机装备了水平支撑装置，故其工作辊中心相对于中间辊和支撑辊有一偏心量。在 UC-3 轧机上，当轧制高硬度材料时，还要求其工作辊表面有较低的表面粗糙度，这时在轧机上采用极小的工作辊，并不设置轴承座，以便适应快速换辊的需要。

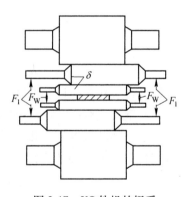

图 3-17　UC 轧机的辊系

（3）UC 轧机的板形控制原理。UC 轧机的辊系示意图如图 3-17 所示。其 3 套控制板形的装置为：1）工作辊弯辊，主要用于控制轧制板带的边部形状；2）中间辊弯辊，主要用于控制轧制板带的中部形状；3）中间辊移动，主要用于控制轧制板带其余区域的形状。

3.3.3.3　VC 辊系统

A　定义

VC 辊系统（Variable Crown Roll System）是一种轧辊凸度可变的系统，它能有效地控制带板材板形和辊形。

VC 辊系统（如图 3-18 所示）由 VC 辊、液压动力装置、控制装置和操作盘等组成。VC 辊包括辊套、芯轴、油腔、油路和旋转接头等。在辊套和芯轴之间是油腔，辊套两端紧密地热装在芯轴上，以便使其在承受轧制力的同时能耐高压密封。液压动力装置的高压油经旋转接头向辊子供油，通过控制高压油使辊套膨胀，以补偿轧辊挠度。油压为 0~50MPa，

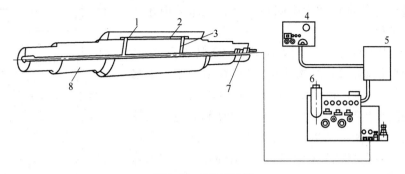

图 3-18　VC 辊系统

1—辊套；2—油腔；3—油路；4—操作盘；

5—控制仪表；6—液压仪表；7—旋转接头；8—芯轴

轧辊凸度在最大压力下，沿半径方向最大凸度轧钢时可达 0.27mm，轧铝时可达 0.33mm。图 3-19 表示 VC 辊凸度与油压的关系，轧辊凸度的形式类似于正弦曲线，且轧辊的中间凸度值与压力成正比。最大凸度取决于 VC 辊的结构，因此，选择适合于轧制条件的辊套形式，即能够获得理想的轧辊凸度。图 3-19 是在工作压力为 0~50MPa、响应速度为 10MPa/s、调压精度为 0.5%、采用多元醇酯油和旋转接头的最大转数为 500r/min 的条件下做出来的。

B　VC 辊的控制原理及特点

（1）VC 辊的控制原理。由于四辊轧机轧制负荷大，且工作辊直径较小，因此在一般四辊轧机上，都将支撑辊用作 VC 辊。其控制原理如图 3-20 所示，控制方法如图 3-21 所示。油压过小将使带材产生边

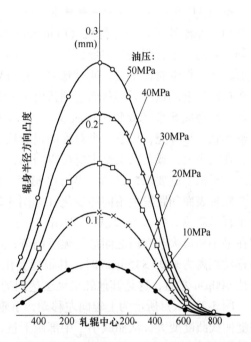

图 3-19　VC 支撑辊凸度与油压的关系

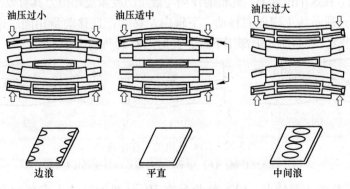

图 3-20　VC 辊的控制原理

浪，油压过大将使带材产生中间浪，只有油压适中才能
获得平直的带材。

（2）VC 辊的特点。VC 辊系统具有以下特点：1）高
效率带钢板形控制；2）结构简单；3）容易操作和维修
保养；4）设计安全，独创新颖；5）有可能构成代替传
感器的自动闭环控制系统；6）在轧辊设计和制造方面技
术完备；7）不需要重新更换及改造现有轧机；8）投资
花费少；9）不需要长期停产；10）在结构和操作的工艺
方面设计合理。

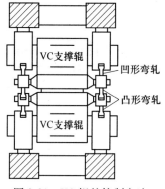

图 3-21　VC 辊的控制方法

3.3.3.4　CVC 轧机

A　CVC 轧机的基本原理及特点

（1）基本原理。CVC 轧机（Continuously Variable Crown）的基本原理是将工作辊辊身
沿轴线方向一半磨削成凸辊形，另一半磨削成凹辊形，整个辊身呈 S 形或花瓶式轧辊，并
将上、下工作辊对称布置，通过轴向对称分别移动上、下工作辊，以改变所组成的孔型，
从而控制带钢的横断面形状而达到所要求的板形。归纳起来有如下几点：1）轧辊整个辊
身外廓被磨成 S 形（或瓶形）曲线，上、下辊磨削程度相同，互相错位 180° 布置，使上、
下辊形状互相补充，形成一个对称的辊缝轮廓。2）上、下轧辊通过其轴向可移动的轴颈
安装在支座上，或是其支座本身可以同轧辊一起做轴向移动。上、下辊轴向移动方向是相
反的，根据辊缝要求，移动距离可以相同，也可以不同。3）S 形曲线加上轴向移动，使
整个轧辊表面间距发生不同的变化（如图 3-22 所示），从而改变了带钢横断面的凸度，改
善了板形质量。4）CVC 轧机的作用与一般带凸度轧辊相同，但是凸度可通过轴向移动轧
辊在最小和最大凸度值之间进行无级调节，再加上弯辊装置，可扩大板形调节范围。当轴
向移动距离为 $\pm 50 \sim \pm 150$ mm 时，其辊缝变化可达 $400 \sim 500 \mu$m，再加上弯辊作用，调节量
可达 600μm 左右，这是其他轧机无法达到的。

图 3-22（a）所示为上辊向左移动，下辊向右移动，且移动量相同。这时轧件中心处
辊缝曲线凸度变大，从而减小了中部压下量，此时的有效凸度小于零。

图 3-22（b）所示是根据预算的辊缝要求，将轧辊稍加轴向移动并抬起上辊，构成具有
高度相同的辊缝。在这个位置上，轧辊的作用与液压凸度系统相似，其有效凸度等于零。

图 3-22（c）所示为上辊向右移动，下辊向左移动，且移动量相同。这时轧件中间处
的辊廓线间距变窄，从而加大中部压下量，此时的有效凸度大于零。

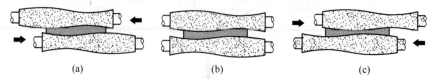

（a）　　　　　　　　　　　（b）　　　　　　　　　　　（c）

图 3-22　CVC 轧机的工作原理图

（a）负凸度控制；（b）中和凸度控制；（c）正凸度控制

（2）CVC 轧机的主要特点。CVC 轧机是在 HC 轧机的基础上发展起来的一种新型轧
机。其关键是轧辊具有连续变化凸度的功能，能准确有效地使工作辊间空隙曲线与轧件板

形曲线相匹配,增大了轧机的适用范围,可获得良好的板形。其主要特点为:1)一次磨成的轧辊代替多次磨成不同曲线的轧辊组;2)可提供连续变化的轧辊凸度,辊缝形状可无级调节;3)具有较宽、较灵活的调节范围;4)板形控制能力强。

B CVC 轧机的类型

按轧辊的数目,CVC 轧机可分为 CVC 二辊轧机、CVC 四辊轧机和 CVC 六辊轧机 3 种。CVC 二辊轧机的基本原理与普通二辊轧机相同,仅使轧辊带辊呈曲线,即呈 S 形曲线并可轴向移动。CVC 四辊轧机分工作辊传动和支撑辊传动两种,实际上是轧辊带 S 形曲线的 HCW 轧机。CVC 六辊轧机分为中间辊传动和支撑辊传动两种,如图 3-23 所示。S 形曲线不但可以在工作辊上,也可以在中间辊上,当 S 形曲线在中间辊上时,一般采用支撑辊传动。

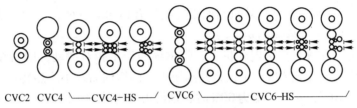

图 3-23 CVC 辊的设计分类

CVC4-HS 轧机具有 CVC 工作辊和工作辊水平稳定装置,与工作辊弯辊系统相结合,使调整轧辊间隙形状沿板宽方向更具有灵活性,以使板形良好。

CVC6-HS 轧机具有 CVC 工作辊或 CVC 中间辊和工作辊水平稳定装置,工作辊和中间辊都装有弯辊系统,能够灵敏地调整轧辊间隙形状,以保证板形良好。

3.3.3.5 PC 轧机的工作原理和结构

A PC 轧机(Paired Crossed Mill)的工作原理

PC 轧机基本上是一种四辊轧机,与一般四辊轧机的不同之处主要是将平行布置的轧辊改变成交叉布置。在轧制过程中,当离开中心的距离增大时,辊缝也增大,以此来控制凸度,这与使工作辊凸度变化等效。也就是说 PC 轧机是利用调节轧辊轴线的交叉角度来控制凸度,使辊缝可调,而工作辊又不至于产生挠度。因此,凸度控制不会影响工作辊强度和刚度。轧辊轴线交叉布置可以有 3 种形式:支撑辊轴线交叉布置,如图 3-24(a)所示;工作辊轴线交叉布置,如图 3-24(b)所示;成对轧辊轴线交叉布置,如图 3-24(c)所示。只要改变交叉角,就能改变轧辊凸度。工作辊轴线交叉布置时,轧辊凸度变化范围最大,但是这种布置形式的轧机未能得到实际应用,因为这种布置形式的轧机,在工作辊和支撑辊之间产生较大的相对滑动,使轧辊磨损和能量消耗大为增加。当支撑辊轴线交叉布置时,其效果同工作辊轴线交叉布置时一样,在工作辊和支撑辊之间同

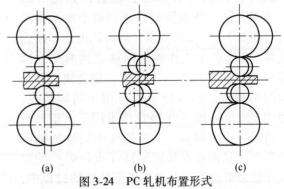

图 3-24 PC 轧机布置形式
(a)支撑辊轴线交叉;(b)工作辊轴线交叉;(c)成对轧辊轴线交叉

样产生相对滑动,使轧辊磨损和能量消耗大为增加。当轧辊轴线成对交叉布置时,工作辊和支撑辊之间就不会产生相对滑动,这就消除了上述弊端,因此得到实际应用的 PC 轧机即是采用成对交叉布置的轧机。所谓成对交叉,是指轴线相互平行的上工作辊和上支撑辊为"一对",而下工作辊和下支撑辊为"另一对",这两对轧辊的轴线交叉布置成一个角度。实际使用的最大交叉角为 1.5°,当交叉角为 1.5°时,轧辊凸度可达 1000μm。

B　PC 轧机的特性

PC 轧机的特性主要有:

(1) 凸度及板形控制。带钢的宽度越大,改变交叉角的效果越明显。轧辊交叉角从 0°变化到 1°时,带钢的板形可从边浪变成中间浪。

(2) 轧制力、轧制力矩和前滑。轧辊交叉角从 0°变化到 1°时,并不影响轧制力、轧制力矩和前滑,因而证实了 PC 轧机与四辊轧机具有相同的特征,可用传统的轧制理论来计算 PC 轧机的轧制力和轧制力矩。

(3) 轴向力。在成对交叉辊轧机上,带钢横向产生相对滑动,因而在带钢上产生轴向力,其大小基本上与交叉角成正比,并随压下量的增加而减小。热轧普通钢时,最大轴向力为轧制力的 10%,若压下率为 30%时,轴向力约为轧制力的 5%,因此可用适当的机构来控制轴向力。

3.3.3.6　UPC 轧机

UPC 轧机(Universal Profile Control Mill)的工作原理。为提高板带材产品的质量,发展了像 HC 轧机和 UC 轧机等新型轧机,但这些轧机的投资都比较高,从而使成本增加。为了既提高产品质量,又降低成本,德国 MDS(曼内斯曼·德马克·萨克)公司研制出一种万能板形控制轧机——UPC 轧机。

UPC 轧机工作辊的辊廓曲线为一简单的貌似雪茄烟形状,呈中间直径大、两端直径小的双圆锥状,如图 3-25 所示。其工作辊可以轴向抽动,以工作辊轴向抽动量,再配合施加弯辊力,即可获得各种所需要的辊缝,如图 3-25 (a) 所示。如工作辊轴向移动到两个小圆锥段相对时如图 3-25 (b) 所示,则可轧出凸形断面的轧件。当上、下工作辊轴向移动到两个大圆锥段相对时如图 3-25 (c) 所示,则会使轧件产生中凹的形状。UPC 技术既可用于四辊轧机,又可用于六辊轧机。当 UPC 技术用于六辊轧机时,可以抽动中间辊。工作辊或中间辊的轴向移动装置,是由设在轧辊端部(操作侧)的双向液压缸来驱动的,在调整压下装置的过程中,或在轧制过程中,可实现连续的轴向移动调整。

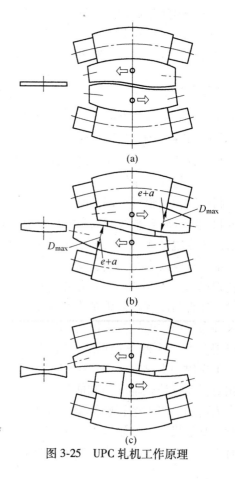

图 3-25　UPC 轧机工作原理

任务 3.4 退　火

3.4.1 概述

为了适应钢材性能的高要求，一般可以采用研制新材料和对钢进行热处理两种方法。热处理是最广泛、最经常采用的方法。

热处理是将钢在固态下加热到一定的温度，保温一定时间，然后以一定方式进行冷却处理的工艺过程。目的在于改变钢的性能，即改善钢的工艺性能和提高使用性能。钢材的金属组织决定其性能，热处理工艺之所以能改变钢的性能，就是通过改变钢的组织来实现的。钢在固态加热、保温和冷却过程中，会发生一系列的组织转变。这些转变具有严格的规律性，在一定温度、时间、介质条件下，必然形成一定的组织，从而具有一定的工艺和使用性能。钢中组织转变的规律，就是热处理所依据的原理。根据热处理原理制订的温度、时间、介质等参数的综合，就是热处理工艺。退火是热处理工艺中的一类。

3.4.1.1 退火工艺的分类

通常的热处理工艺大致分为两类：即预备热处理和最终热处理。最终热处理是使钢满足在使用条件下的性能要求，如淬火、回火、化学或表面处理。预备热处理的目的在于消除先前加工所造成的某些缺陷，如钢材晶粒粗大，带状组织等，并为后续加工和最终热处理做好组织准备。

退火是冶金产品（板、带、丝、型材等）重要的加工工序之一。退火就是将钢加热到低于或高于 Ac_1 点以上温度，保温一定时间，缓慢地随炉或控制冷却，以获得平衡状态组织的过程。退火不但可作为预备热处理，为最终热处理（淬火、回火、化学或表面处理等）创造良好的组织条件，并满足后续加工工艺的需要，也可作为钢的成品或半成品的最终热处理。

退火的实质，对过共析钢、共析钢来说是奥氏体化后进行珠光体转变的过程。对亚共析钢来说，是奥氏体化后先共析转变后珠光体转变的过程。退火组织是比较接近平衡状态的组织。

实际生产中，退火的种类很多。加热到 A_1 以上的退火称为"重结晶退火"。加热到 A_1 以下的退火，则统称为"低温退火"。

根据钢种的不同，分为初退火、中间退火和成品退火。初退火是冷轧前退火，主要用于 45 号以上碳钢和合金钢、高合金钢的热轧卷，目的是降低强度、硬度和变形抗力，为冷轧做好组织准备。生产中优质、高中碳钢的初退火为再结晶退火，而对于中合金钢和高合金钢，根据不同的要求，可采用不完全退火或再结晶退火。中间退火用来消除冷轧产生的加工硬化，消除内应力，恢复塑性，以便能继续冷轧。中间退火一般为再结晶退火，生产中应尽量通过合理选择原料来避免中间退火和二次冷轧。成品退火用于消除内应力和加工硬化，使钢板具有标准要求的力学性能、工艺性能和显微组织结构。成品退火一般为再结晶退火。当生产 50 号钢而又要求其组织为片状珠光体时，只能采用完全退火来达到这一要求。根据钢种和性能要求的不同，也可进行其他热处理。

3.4.1.2　退火目的

对经过冷加工后的钢材进行退火的目的通常有以下几点：

（1）降低硬度，提高切削加工性。经铸、锻、焊成型的工件，往往硬度偏高，不易切削，需要经过退火以降低硬度。一般硬度在 HB200~250 之间最易切削加工。

（2）提高塑性，便于冷变形加工。冷变形使工件产生加工硬化，经退火处理后可以消除这种加工硬化，提高材料塑性，以便于后续的冷变形加工，如冷拔、冷冲压、冷轧等。

（3）消除组织缺陷，改善金属加工和使用性能。经铸、锻、焊成型的工件，往往存在魏氏组织、带状组织等缺陷，经过完全退火可以消除这些缺陷，改善其加工和使用性能。

（4）消除过热影响。淬火过热返修品，须经退火消除过热影响，才能重新淬火，这对于高速钢的返修淬火工件尤其重要。

（5）消除铸造偏析，使化学成分均匀。合金铸锭和铸件由于树枝状结晶而造成晶内偏析，须经扩散退火，使化学成分均匀。

（6）脱除氢气，防止白点。大型合金钢锻件经热加工后，不能直接冷到 200℃ 以下，必须经过脱氢退火才能继续冷却。

（7）消除应力，稳定尺寸。冷冲压或机加工工件，经过低温退火消除应力，稳定尺寸，并可防止淬火变形开裂。

（8）细化晶粒。提高大批量生产零件的组织均匀性，为最终热处理做准备。

3.4.2　冷加工钢材的再结晶退火

3.4.2.1　钢在冷塑性变形中组织结构及性能变化

钢在冷加工（冷轧、冷拉和冷冲压等）过程中组织和性能都会发生变化。金属塑性变形的物理实质是位错的运动。随着变形量的增大，位错增多，运动位错在各种障碍前受阻，使运动阻力增加。另外，由于变形中多系滑移的产生，形成分布杂乱的位错缠结，变形量大时易于形成胞状结构。金属在塑性变形中，所消耗的大部分变形能以热量形式散发掉了，但仍有一小部分以弹性畸变能等形式存储在变形后的金属中，使其自由能增加。冷变形后，晶粒外形、夹杂物、第二相的分布也发生变化：晶粒沿变形方向形成纤维组织，第二相或偏聚杂质物伸长形成带状组织，如轴承钢中的带状夹杂物和带状碳化物等。晶粒伸长形成的纤维组织可用退火消除，但夹杂物或碳化物聚集区形成的带状组织，虽经过高温退火也常常不能完全消除。冷变形还可以产生形变结构。此外，在冷变形过程中，材料的连续性可能被破坏，晶内、晶界处都可能产生微观、甚至宏观裂纹。多晶体的晶间、晶内各部分的变形是不均匀的，变形后材料内部还有残余应力存在。冷变形后材料组织结构上的这一系列变化，影响到材料的力学性能、物理性能和化学性能。冷变形后，材料的强度指标（比例极限、屈服极限、硬度）增加，塑性指标（减面率、伸长率等）降低，韧性降低，出现了明显的加工硬化现象。

生产上经常利用冷加工硬化时产生的加工硬化来强化金属材料，向用户提供冷状态交货的冷轧、冷拔、冷挤的高精度型材、带材和丝材等。如自行车链条的链片是用 16Mn 制造的，原来 16Mn 的硬度为 HB150，强度 $\sigma_b \geqslant 510MPa$，经过 5 道次冷轧后，变形量为 65%，硬度提高到 HB275，$\sigma_b = 980MPa$，负荷能力提高近一倍。因此，该钢冷轧后不经任何热处理，用来制作链条，寿命可以大大延长。

加工硬化有可利用的一面，也有不利的一面。它所导致的强度和硬度提高，塑性下降，使材料难以继续加工。对需进一步深加工，特别是部分超深冲的产品，更是这样。因此必须采用再结晶退火，来消除加工硬化，恢复其加工变形能力。

3.4.2.2 再结晶退火

再结晶退火是将经过冷变形的钢加热到再结晶温度以上，使其发生回复和再结晶，重新获得原来的晶体结构，且没有内应力的稳定组织，此时强度显著降低，塑性明显提高。

冷变形后的金属在加热时，其组织和性能最显著的变化发生在再结晶阶段，如图 3-26 所示。再结晶退火是消除加工硬化的主要手段，也是控制晶粒尺寸、形态、均匀程度，获得或避免晶粒择优取向的重要手段。图 3-27 为 3.0mm 厚的 16Mn 钢板经 7% 的冷变形后，进行再结晶退火时，加热温度对强度、伸长率影响的曲线。从图 3-27 中可以看到，当加热到 675℃开始再结晶，710℃完成再结晶，机械性能恢复到原热轧钢板的水平，晶粒也变为细小等轴晶。

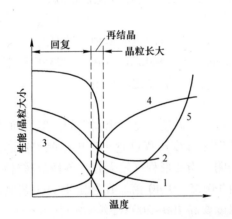

图 3-26 回复和再结晶对冷变形金属性能的影响
1—强度；2—电阻率；3—内应力；4—伸长率；5—晶粒大小

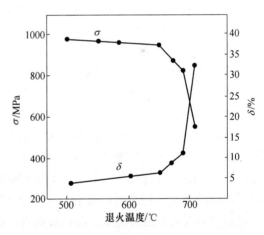

图 3-27 冷轧 16Mn 钢再结晶退火温度对强度和伸长率的影响

影响再结晶过程的主要因素有加热温度、冷变形程度、原始晶粒大小、金属中极微量的异类原子或杂质。开始再结晶的温度主要取决于冷变形程度。冷变形量越小，金属中存在的畸变就越低，再结晶的推动力就越小，因而发生再结晶所需的温度就越高。金属中极微量的异类原子或杂质，也会使再结晶过程大大推迟。例如，载重汽车用深冲 08Al 薄钢板，在再结晶过程中，钢中少量的 AlN 夹杂阻碍了纤维状铁素体晶粒的回复和等轴晶的长大，使铁素体晶粒长成"饼形"，有利于深冲性能的提高。

在其他条件相同时，金属的晶粒越细小，冷变形后的储能值就越高，再结晶温度就越低。此外，晶粒越细小，同体积的金属中，晶界所占的总面积就越大，在相同程度的塑性变形程度下，位错在晶界附近塞积而导致晶格强烈弯曲的区域也就越多，自发形核率就越大，结晶速率就越快，形成的晶粒就越小。

由于影响再结晶温度的因素较多，因而再结晶退火温度通常比理论值高出 100~150℃。再结晶退火主要用于低碳钢、硅钢片、有色金属，以及各种冷加工板、管、丝、带、型钢等。

3.4.3　罩式炉退火（周期退火）

3.4.3.1　退火工艺参数和光亮退火

冷轧带钢退火工艺制度根据钢的化学成分、产品技术标准、带钢尺寸和卷重等因素决定。退火中必须保证卷层间不黏结，表面不出现氧化，中高碳钢、合金钢不脱碳，汽车板要能获得好的深冲性能。

A　加热速度

钢的导热系数越大，加热速度可以越快。含碳量或合金含量高时，钢的导热系数小，故加热速度应适当慢些。从室温到 400℃，加热速度一般不加限制，因为在此期间，带钢内部组织无显著变化，尚未发生再结晶，在这个温度区间加热速度快慢对性能和表面质量影响不大。实际生产中，加热罩（外罩）都是由上一炉保温结束，立即转移到另一炉上，由于罩体温度很高，钢卷温度很快从室温升到 400℃，此期间温度变化是难以控制的。

从 400℃ 到保温温度，加热速度对带钢的性能和表面质量影响很大。对于氮氢型保护气体罩式炉，一般规定为 30~50℃/h；对特殊钢、易出质量问题的钢种和较厚的带钢，加热速度应有不同的规定，如厚度较大（大于 1.2mm）的 09MnAl（Re）、Q235F 等钢种，易出性能问题，不易出现黏结，加热速度应慢些，使钢卷温度比较均匀。

B　保温温度和保温时间

从理论上说，保温温度就是再结晶温度，但再结晶温度不是一个固定的温度，而是一个范围，一般在 570~720℃。根据金属学，冷轧时累计变形程度越小，再结晶温度越高，反之，再结晶温度越低。大量实际资料的统计表明：当变形程度较大时，各种金属材料的最低再结晶温度（用绝对温度表示）为其熔点的 0.35~0.40 倍。在制定退火工艺制度、确定退火温度时，退火温度一般比最低再结晶温度要高 100~200℃。

对于再结晶退火，带钢在 600℃ 以上、A_1 以下的停留时间称为有效均热时间。此时间一般根据产品性能要求的不同而确定。此外，卷重越大，钢板越厚，保温温度应越高，保温时间应越长。对易产生黏结和薄规格带钢，保温温度要适当降低，保温时间要适当缩短。

再结晶完成后，继续升高温度或延长保温时间，晶粒会继续长大。晶粒长大是一个自发过程，主要靠晶界移动来完成。从再结晶完成到正常晶粒长大，称为一次再结晶。一次再结晶形成的晶粒称为一次晶粒。一次晶粒长大是不可避免的，但要将晶粒度控制在一定范围内。当加热到较高温度或保温时间较长时，有些钢将产生二次再结晶，即有少数晶粒吞并其周围的一次晶粒而迅速长大，形成的晶粒称为二次晶粒。单取向硅钢在高温成品退火中，高斯织构是通过二次再结晶来形成的。对于碳素钢，晶粒粗大会降低强度、塑性、冲击韧性及冷弯工艺性能，因此不希望发生二次再结晶。

C　冷却速度和出炉温度

生产中吊加热罩后的冷却速度是不加以控制的，但是冷却速度对力学和冲压性能是有影响的。一般希望冷却速度快些，快冷还可以提高炉台效率、改变台罩比。但在 320℃ 附近，快冷固溶的碳不能完全析出，以固溶状态冷却下来，以后过饱和的碳从固溶体中析出产生时效硬化。

从 600℃ 冷到 320℃ 所需时间称为有效冷却时间。为了使固溶碳完全析出，在冷却过程中进行过时效处理，过时效温度一般为 350~450℃，保温 20~300s。对于有特殊性能要求的，如重深冲汽车板，在 500℃ 以上要求缓慢冷却，即带大罩冷却，以保证冲压性能。

出炉温度以带钢出炉时与空气接触不发生氧化的原则来确定，考虑到炉台利用率和确保表面质量，出炉温度应以 120~150℃ 为宜。

D　光亮退火

光亮退火是退火时带钢不发生氧化和脱碳的退火。做好以下工作可以防止带钢被氧化：（1）冷轧后带钢进行电解清洗；（2）退火过程中炉子严密不漏，保护气体（氮气、氢气或二者混合物）含氧和含水量低（含氧和含水会造成金属表面氧化和脱碳），含氧量要小于 20ppm，露点在 -50℃ 以下，并且进出内罩畅通；（3）内罩内保持一定的压力；（4）搞好冷吹和热吹工作。

冷吹是用保护气体赶走内罩内空气，热吹的作用是将板卷带来的乳化液产生的油烟、水蒸气等有害物质吹净，并赶走残余的空气。一般在点炉前两小时打开通入炉内的保护气体阀，保护气体压力应大于 800MPa，并打开保护气体排出阀，利用保护气体吹干内罩中的空气。冷吹正常且时间已达两小时，才能点炉。

3.4.3.2　罩式退火工艺过程

罩式退火工艺过程如图 3-28 所示，基本步骤如下：

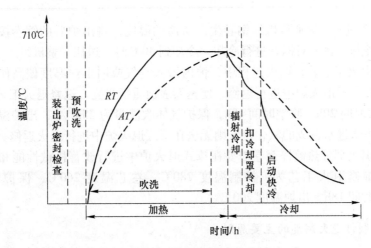

图 3-28　罩式炉退火工艺

（——为控制热电偶温度（RT）；－－－为底部热电偶温度（AT））

（1）装出炉密封检查按钢卷要求检查来料情况，按一定的顺序装上运卷小车送到炉台，并按堆垛要求装入炉台，扣紧内罩进行密封检查。充气 80s，保持 30s，检查压力大于 10MPa。

（2）退火前预吹洗用保护气体对退火空间进行清洗，以便除去退火空间的氧化气氛。保护气体以 2.5m³/h 的流量吹洗 1~2h。

（3）吹洗加热在退火过程中用保护气体对退火空间继续进行清洗，其作用是传递热量并达到光亮退火的目的。吹此用量仍为 25m³/h，吹洗时间则需根据工艺要求而定，一般在加热结束前 2h 停止吹洗。对于工艺要求特殊（特别是表面光洁度要求高）的退火工艺，吹洗过程可持续至辐射冷却结束。在罩式退火炉中所进行的退火工艺，属于相变点 772℃ 以下的再结晶退火。晶粒度的大小直接影响产品的机械性能，采用不同的退火温度，可获得不同的机械性能。

（4）辐射冷却加热结束吊走加热罩后，所进行的自然冷却叫做辐射冷却，规定时间为 1h。

（5）冷却罩冷却和快速冷却加热罩吊走 1h 后，扣上冷却罩。当罩式炉底部温度降低到 450℃ 时，启动快速冷却装置进行快速冷却。这就是根据分流冷却原理而采取的冷却法。当设备某部分发生故障或某些介质不符合要求时可停止快速冷却，而采用常规冷却方式，直至退火过程结束。钢卷达到规定的出炉温度时，可结束退火过程。出炉温度以板宽为标准分成不同层次，如表 3-1 所示。

表 3-1　不同板宽的出炉温度

板宽/mm	出炉温度/℃
<1000	110
1000~1250	105
1250~1350	100
1350~1500	90
1500~1700	85
>1700	80

（6）二次冷却为确保平整机组钢卷生产所需的温度，将出炉后的钢卷按一定的堆垛顺序装在二次冷却炉台上对钢卷进行冷却，冷却到 40℃ 时，送往平整机组。

（7）返修退火工艺若在退火过程中，炉内渗入空气或因出炉温度偏高使钢卷表面产生氧化色，可在罩式退火炉中进行返修，使钢卷表面重新光亮。返修退火工艺为：控制温度 650℃，退火时间 20h，吹洗时间 18h，保护气体吹洗量为 25m³/h，出炉温度可参照常规。但如果是由于进水造成的氧化色，则无法在罩式退火炉中进行退火返修。

（8）维修退火部分热镀锌钢卷需要在罩式退火炉中进行改善机械性能和锌层附着力的维修退火。维修退火工艺为：控制温度 280℃，卷芯温度 260℃，保护气体吹洗量 25m³/h，吹洗时间 18h，出炉温度 200℃。

3.4.3.3　制订退火制度的主要原则

A　堆垛原则

把具有相同退火工艺制度和相同内径的钢卷应尽可能装在一炉退火，并尽可能把相同规格和相同钢质的钢卷放在一起以求最大的出炉系数。钢卷的宽度和厚度相同，而外径不同时，外径大的在下，小的在上。外径相同，但宽度不同时，则宽的在下，窄的在上，但要求相邻两卷的宽度差最好小于 200mm。当钢卷外径和宽度相同，厚度不同时，厚的在下，薄的在上。对于厚度小于或等于 0.6mm 的钢卷，则应将其置于最上。当带钢厚度小于 0.45mm 时，仅允许放在最上面，当冲压用带钢卷与其他钢卷混装时，应按钢卷质量要求最高的条件退火。

堆垛高度依炉型的有效高度而定，尽可能达到最大的堆垛高度。堆垛高度与每垛钢卷系数有关，在中间对流板厚度为 70mm 和无顶部对流板的情况下，总堆垛高度如表 3-2 所示。

表 3-2　堆垛高度相关

钢 卷 数	堆垛高度/mm	最大板宽/mm
3	4760	1586
4	4960	1172
5	4620	921

堆垛高度是按轧机的轧制宽度（以酸洗机上切边后宽度为准）确定，当酸洗不切边时，要把带卷宽度超差计入堆垛高度。

B　退火时间和退火温度

退火时间取决于材质、最大带宽和总堆垛重量。退火温度（控制温度和心部温度）则取决于钢卷材质，满足于表 3-3 退火工艺所规定的范围。

表 3-3　罩式退火工艺一览表

退火曲线号	BAF 工艺		适用钢种	出钢记号	厚度/mm	备 注
	控制温度 RT/℃（零位）	卷芯温度 KT/℃				
01	710	600	ST12	AP1056，CB1804	0.6~3.5	彩电框架
			ST12CK	DP1059		
02	210	620	SPCC	AP1056，CB1804（AP1055，CB1805，TP1050）	0.6~3.5	
			ST13 UST13 SPCD	AP1057，CB1814（CB1815）		
			ST1305	AP1058		
03	710	650	BP340	DV3950	0.6~3.5	
04	710	690	ST14HF SPCEHF	AP1057	0.6~3.5	
			ST14ZF SPCEZF	AP0740		
			ST15	DP0590		
			BTC-3	TP0941		
			BTC-6	AP0650		固定板
			ST1405	AP1058		

续表 3-3

| 退火曲线号 | BAF 工艺 | | 适用钢种 | 出钢记号 | 厚度/mm | 备注 |
	控制温度 RT/℃（零位）	卷芯温度 KT/℃				
05	730	710	ST16	DP0140	0.6~3.5	IF 钢
11	680	600	ST12	AP1056，CB1804	<0.6	

堆垛制度规定最大钢卷外径差不超过 200mm，就是根据退火工艺对加热时间和堆垛总重量的要求来确定的。若外径差大于 200mm，则在计算加热时间时，必须把最宽卷的重量扣除，按此计算堆垛重量、最大带钢宽度并计算退火时间。

退火钢卷的堆垛高度达不到退火许用高度时，可以设想在未被利用的空间内存在一个想像卷，在计算"想像重量"时，要将堆垛中的最大外径和堆垛高度相关联系。

在镀锌板退火中，如果钢卷之间的重量差很大，可造成小钢卷上铁/锌层的混晶缺陷。因而更应注意，在一个堆垛中，钢卷的重量差不超过表 3-4 的给定值。

表 3-4　钢卷重量差

重量/t	最大重量差/t
≤20	5
21~30	8
>30	10

3.4.3.4　罩式退火炉设备组成和功能

罩式退火炉由加热罩、炉台、炉台循环风机、分流冷却装置、保护罩、冷却罩、对流板和最终冷却炉台等主要部分组成，如图 3-29 所示。

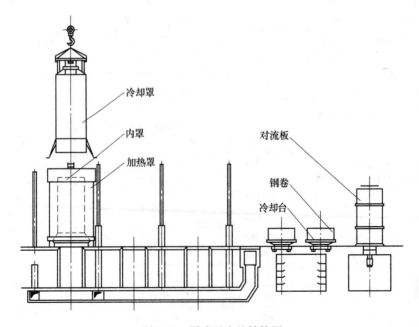

图 3-29　罩式退火炉结构图

（1）加热罩主要起加热作用。外部是圆筒型的钢结构，内衬耐火材料，带有加热设备，加热管道系统和排气罩等。在顶部离钢结构 100mm 处安装一个平顶炉盖，顶盖与钢结构周围填满隔热层和石棉，顶上有厚 5mm 的钢板，内层有三层隔热材料，隔热材料用耐热螺帽固定在炉顶钢板上，整个盖子放在圆形衬砖上，并用螺丝和横梁固定在一起。

加热罩下部装有切向排列的两排烧嘴、自动连接煤气的金属软管及煤气空气管道的安全装置和控制测量装置等。

（2）炉台（带分流快速冷却装置）。用耐火材料浇注，底部的对流板结构有利于保护气体循环，炉台是支撑钢卷等负荷的基座。炉台中间布置有一个由耐热钢制成的循环风机，炉台外缘有一个环形水槽，在操作期间有一定量的水流过，用于炉台法兰上的橡胶密封圈的冷却。炉台法兰盘上有一个凹槽，密封橡胶圈嵌在凹槽里，将内罩法兰压在上面，并且六个拉紧爪把内罩法兰压紧在炉台法兰上起密封作用。此外，每个炉台有两根导向柱固定在操作平台上，便于吊放外罩和冷却罩。

（3）炉台循环风机。循环风机安装在炉台的中心位置，退火过程中，风机在内罩中不断地使保护气体循环，起热交换作用。同时，当非脱脂钢卷退火时，蒸发掉在轧制时带来的乳化液和油脂，并使其随保护气体一起排掉。

（4）分流快速冷却装置。快速冷却装置在炉台下面，其作用是增加冷却能力，缩短冷却周期。快速冷却循环系统中最主要部分是保护气体冷却器和循环风机。冷却器的内部装有成排的翅筋管，管内通有冷却水。在冷却时，从内罩中抽出一部分热保护气体进入冷却器，围绕水管流动时气体被冷却，再由循环风机打入内罩。

（5）保护罩。通过内罩将保护气体内的空气与燃烧气体分开，内罩的作用：一是在加热时把燃烧气体的热量传给保护气体；二是防止燃烧气体污染保护气体；三是冷却时将保护气体的热量向外传出。因此，内罩必须是密封的，能耐高温抗氧化，并尽可能的轻。保护罩由耐热薄钢板焊接而成，在底部连接一个密封的法兰。因为不允许外界的空气进入保护罩内，所以内罩和炉台之间的密封很重要。在内罩法兰底部经过机械加工的密封平面，压在退火炉台法兰的橡胶圈上，使内罩与外界密封起来以防止空气进入内罩。内罩法兰用六个夹钳，采用气压自动压紧装置，通过杠杆原理把内罩压紧。

（6）冷却罩。使用冷却罩是为了更进一步提高冷却能力。冷却罩扣在内罩外，通过空气对流循环把热量带走，冷却罩顶上装有一个风机，在内罩和冷却罩之间引进空气，空气吸收热量再由顶部放出来。冷却罩是由铜板制成圆柱形罩，用法兰环加强结构。在底座上只焊有三个铜支架座，内壁上面和下面每隔 1200mm 各焊有三个镰刀形的导向板，以保证冷却罩的顺利安放。

（7）对流板。对流板安装在钢卷之间和堆垛的顶部，其作用可以使气流沿每一卷的宽度方向传递热量，从而改善热效率。对流板的结构对退火效果起着重要作用，一方面对流板应很好地把热量传递给钢卷；另一方面为了避免损坏钢卷边缘，对流板支撑面不能太小。此外，为了钢卷的静负荷和最低热耗量，并且尽量提高热效率，对流板重量要轻。

（8）最终冷却台。钢卷出炉后，放在最终冷却台上进一步冷却到 40℃后，送到平整机。其结构为在带有对流筋的底板下装有一台轴流风机，冷却空气通过地下通风道从厂房外吸入。

除了上述八种主要设备外，还有排废气管路和油雾润滑系统等辅助设施。

3.4.3.5　全氢罩式退火炉

传统的罩式退火采用氮氢型混合气体（97% ~ 93%N_2，3% ~ 5%H_2）为保护气体，气体流速较慢。经这种退火工艺处理后的带钢表面洁净度差，机械性能波动也大，退火工艺生产率低，生产费用高。

70 年代初，全氢罩式退火炉应用于钢材生产的退火工序。80 年代初，开始应用于宽带钢生产。全氢罩式退火炉采用 100% 的氢用作保护气体。在气体控制、加热冷却以及安全保护等方面采用了一系列新技术。氢气的导热系数大于氮气，且随温度的提高增加很快，而氮气则较慢。740℃ 时，氢的导热系数约为氮的 6.5 倍，氢的动力黏度只有氮的 50%。

A　全氢罩式退火炉的优点

罩式退火炉的热传导以保护气体为介质进行，保护气体导热系数高，传热效果就高，能源利用就充分，炉内温度也就均匀，可以得到满意的退火效果。

在不同的退火温度下，罩式炉内无论轴向还是径向，H_2 的热传导系数均高于 N_2。在有中间对流板的钢卷间，罩式炉内传热方式以对流传热为主。图 3-30 给出了保护气体的流动过程。由图看出，在循环罩式炉内气体的主要循环方向是沿轴向的，径向传热仅在对流板导向条的空隙中进行。因而，随保护气体流速变化，对流传热的效果主要取决于保护气体传导系数的大小。流速一定时，气体的热传导系数就决定了罩式炉的工作效率，而氢气的热传导系数明显高于氮气。图 3-31 给出了 H_2 和 N_2 为保护气体时，在不同时间不同温度下，钢卷内部的温度梯度。在实际生产中，以 N_2 为保护气体，加热时间为 30h，温度为 660℃ 时，钢卷冷热点的温差为 60 ~ 100℃，而 H_2 则为 30 ~ 40℃，这对带钢获得均匀的性能起着决定性作用。

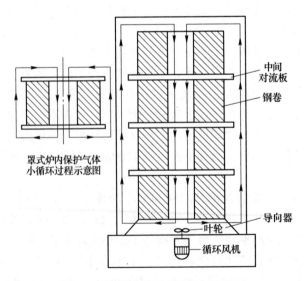

图 3-30　罩式退火炉内保护气体循环

由于 H_2 具有很好的还原性，使得再结晶退火的带钢表面不会发生氧化。一般工业 N_2 保护气体中配有 7% ~ 8% 的 H_2 以便产生还原性气体，当其露点高于-20℃ 时，则可能产生氧化，而纯 H_2（露点低于-40℃）是不会引起钢卷表面氧化的。

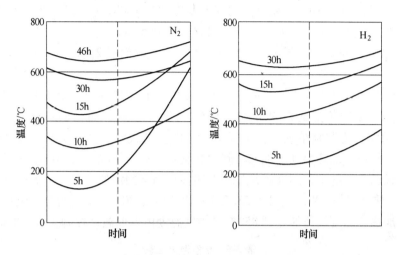

图 3-31 钢卷在不同保护气体下内部温差随时间变化

经全氢罩式炉退火的带钢表面光洁度不亚于连续退火炉的处理效果。由于微小的氢原子在带卷中穿透非常快，加热到400℃左右时，它们就将轧制时残留在带卷表面上的乳液还原为碳氢化合物，从而降低了沸点，有助于碳氢化合物的蒸发。在600℃左右时，强烈的还原氢可以有效地将氢化残留物转化为水蒸气，这种水蒸气接着与留在钢卷上已经还原了的碳起反应而生成 CO，这使得钢带表面的碳污染，即表面残留碳量减少到最低限度，大大提高了表面光洁度。

全氢罩式炉可采用燃气加热或电加热。在燃气加热时，针对全氢退火传热均匀的特点，在精心设计了保护气体在内罩内的流动路径后，仔细安排了烧嘴的位置，从而使内罩受热更均匀，最终可使燃气在单位时间内的燃烧量达到常规退火时的两倍。在提高了加热速度的同时，又不导致带钢的局部加热。

全氢罩式炉采用的冷却法有：（1）强制通风冷却法即使用冷却罩通风冷却。（2）快速冷却法即使炉内的保护气体流经一个气水换热器冷却后，再返回炉内。从而不再需要复杂的地下室，同时这种快速冷却系统缩短了冷却周期，使台罩比为2∶1。（3）内罩上方直接喷水冷却法即在冷却罩内喷水，形成水幕带走热量。以上方法常混合使用。

B 全氢罩式炉工艺特点

EBNER 的全氢强对流罩式炉 HICON/H_2 包括工作底座、加热罩、瓦楞状内罩、冷却罩、中心换热器等。控制系统以西门子 SIMATICS5 计算机作为初级控制，而以西门子 PC16-20 或 IBMPS2 系统作为高级控制。以装炉量为 96t 的 HICON/H_2 为例，其典型流程如下：将四个宽度为 1100mm 的带钢卷装入炉内，加上内罩，在室温下进行 10min 漏气检查。罩上加热罩加热，同时充入氮气吹洗 0.5h，使氧气含量降到 0.5% 以下，然后通入氢气。在用氢气取代氮气过程中，乳液残余物在带钢表面被蒸发带走。在保温阶段，氢气不再流动，但气压一直处于受控状态，若气压下降，马上充入起保护作用的洗炉氮气。18h后，带钢最热点和最冷点的温差为80℃，相当于没小时产量为 5.3t 的连续退火炉中的情况；31h 后，温差降到 200℃，相当于每小时产量为 3.1t 的连续退火炉的效果。

经氢气热泄漏检查后，吊走加热罩，加上冷却罩，启动风冷系统。当内罩温度降到200℃时，向内罩喷水冷却。只要带钢内部温度冷却到160℃（一般工艺）或50℃（供平整）时，再次向罩内充入氮气吹洗，使氢气含量降到5%以下。

整个过程需要60h，保温温度为690~710℃。氮气的消耗2.5m³/t，氢气消耗1.3m³/t，电耗7kW·h/t。

理论和试验研究结果均表明：在罩式退火炉中，轴向传热速度及效果大于径向。根据试验结果可见，轴向传热的效果分别为98%、90%、60%，而径向传热效果仅占40%、10%、2%。根据上述试验结论，在全氢罩式炉的工艺设计上，首先应考虑钢卷的宽度、重量和直径，然后是加热温度、加热时间、轧制液的残留情况、出炉温度等因素。

全氢罩式退火炉的工艺制度就是基于上述各个因素制定的。某厂全氢退火工艺制度如表3-5所示。热吹时间10h，流量为23m³/h；出炉温度90℃，温度控制710℃。基本控制方式为：将加热罩温度快速加热到850℃，炉气温度由电偶温差控制，直到时间结束。

表3-5　全氢退火工艺

材　　质	带卷宽度/mm	加热时间/h
DQ	1020	$y=(x+47.5)/5$
	1250	$y=(x+55.0)/5$
	1420	$y=(x+62.0)/5$
CQ	1020	$y=(x+60.0)/6.67$
	1250	$y=(x+56.32)/5.57$
	1420	$y=(x+64.19)/6.45$

综上所述，全氢罩式退火炉的工艺参数取决于加热温度和时间、钢卷宽度、重量和钢质。

3.4.4　连续退火炉（CAPL机组）

3.4.4.1　概述

连续式退火工艺的生产率高，产品性能和表面质量好，生产连续化程度高，生产周期短，劳动定员少。

1972年日本新日铁成功地将电解清洗、罩式退火、钢卷冷却、调质轧制（平整）和精整五个独立的生产工序联结成一条连续生产线，以立式连续退火炉取代间隙式罩式炉，实现了连续化生产，称之为连续退火处理机组（Continuous Annealingand Processing Line），简称CAPL，使原来需要10d的生产周期缩短到10min。图3-32对CAPL工艺与罩式退火工艺进行了比较。

这种"五合一"的新工艺，与罩式退火工艺相比，有许多优点，生产过程简单合理，管理方便，生产出成品的时间极大缩短，交货迅速，生产过程中储备料也可大大减少。车间布置紧凑，占地面积小，省掉了许多辅助设施，建设投资费用降低，劳动定员大幅度减少，产品表面光洁，性能均匀，平直度好，产品缺陷减少，金属收得率增加，节省了能源。

CAPL技术自诞生以来，在世界钢铁工业界迅速发展并受到广泛关注。宝钢冷轧厂

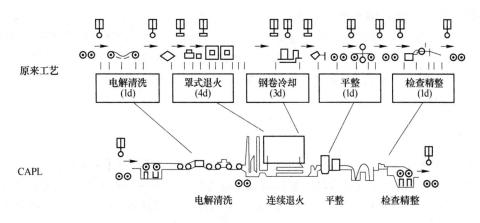

图 3-32　CAPL 工艺与罩式退火工艺的比较

CAPL 设备和技术是从新日铁引进，其工艺流程如图 3-33 所示。

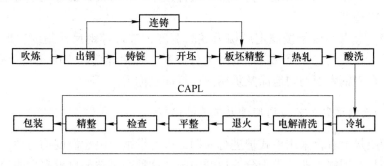

图 3-33　CAPL 工艺流程

3.4.4.2　CAPL 机组冶金学特点

CAPL 成功地实现了"五合一"新工艺，在机械、电气、仪表、计算机控制等方面开发了许多保证连续生产的新技术，并对 CAPL 的冶金学条件，即质量控制条件主要有两部分：(1) 原料条件。化学成分、铸造条件、热轧条件。(2) CAPL 条件。加热周期、平整条件。

连续退火加热周期的特点是快速加热，短时保温，急速冷却，全过程仅几分钟，这点与罩式退火炉中长达 10h 的退火周期是迥然不同的。因而，用连续退火机组生产的材质较硬，过去仅适用于镀锡薄板生产。

冶金学的研究结果表明，用连续退火方式生产成型性良好的薄钢板，必须采用过时效处理，将带钢加热到 700~850℃，保温一定时间（1min 左右），然后快速冷却至 400℃ 左右，进行 3~5min 过时效处理，使过饱和固溶碳能充分析出，克服固溶碳引起的材质硬化现象。因而在连续退火炉中，设置了很长的过时效段，而传统的镀锡板连续退火是没有时效处理的。

此外，为了提高连续退火后带卷的产品性能，还必须严格控制料钢卷的化学成分，要求低碳（C=0.065%~0.02%），低锰（Mn≤0.25%），低硫磷等杂质含量。热轧时要进行高温卷取。CQ 和 DQ 材料定为 700℃，DDQ 材料控制在 750℃，而用罩式退火炉则要求低温卷取，温度控制在 560~600℃ 之间。

　　对原料钢卷的严格控制，简单地说，就是要控制碳化物的聚集析出，使铁素体基体纯净化。在连续退火后获得有利的结晶结构，使晶面平行于轧面较多，晶粒尺寸较大，对于 DDQ 材的铝镇静钢而言，还必须使游离的 N 和 Al 在高温卷取过程中完成 AlN 的析出，以提高产品的深冲成型性。

3.4.4.3　CAPL 各主要工序作用

CAPL 机组主要有电解清洗、连续退火、平整、检查及精整各主要生产工序。

　　（1）电解清洗用机械刷洗和电解清洗，去除冷轧带钢表面残存的轧制油及表面污迹。

　　（2）连续退火将冷轧后产生加工硬化的带钢进行再结晶退火处理，完善微观组织，提高塑性和冲压成型性能。

　　（3）平整（调质轧制）改善材料机械性能，扩大材料塑性变形范围，消除材料屈服平台，以防止在冲压加工时出现吕德斯带。改善板形，获得良好的带钢平直度，在带钢表面生成合适的粗糙度。

　　（4）检查和精整将带钢按规定剪切为成品宽度；进行带钢尺寸精度、板形及表面质量检查和记录；在带钢卷取至规定重量时进行分卷，切除焊缝、头尾超差及有缺陷部分，并切取试样；在带钢表面均匀地涂敷防锈油；打捆并称重。

3.4.4.4　连续退火工艺与周期退火工艺的比较

　　从产量和质量上看，采用罩式炉进行周期退火的带钢，由于温度均匀性差，产品有粘结缺陷。即使是在钢铁工业技术十分发达的国家，这种产品缺陷也没有弯曲消除。采用连续退火炉，带钢温度均匀，表面清洁光亮，而且可以通过控制冷却速度得到所需金属组织的冷轧带钢。罩式退火炉是间歇式炉，热耗高，生产周期长，生产率低。连续退火炉具有能耗低，生产率高，投资少等优点。它将清洗、退火、平整、涂油、检测五道工序集成于一条作业线，占地面积是具有同等生产能力的普通工艺的 40%，投资仅为其 3/4，生产周期却大大缩短。但是，连续退火的技术和设备复杂，一次投资大，且目前难以处理厚度为 2.0~2.5mm 的带钢，不能处理厚度大于 2.5mm 的带钢。而周期性罩式炉历史较长，炉型比较成熟，不受带钢宽度、厚度和钢种限制，应用广泛，生产灵活，一次性投资少。因此，虽然连续退火和精整生产线标志着冷轧带钢生产中的一个方向，但是罩式退火炉也以它本身所具有的特点在不断地改进和发展。

任务 3.5　冷轧带钢的平整与精整

3.5.1　冷轧带钢平整

3.5.1.1　冷轧平整的作用

　　在冷轧带钢生产过程中，平整是必不可少的工艺环节之一，对保证带钢质量有着非常重要的作用。

（1）经过再结晶退火的冷轧带钢，其拉伸曲线上的屈服平台是直接影响再加工工序质量的重要因素。在平整机上对带钢施加很微小的变形，便可消除这一现象。其效果能保持 2~6 个月，甚至在更长时间内不再出现。平整对带钢屈服极限的影响如图 3-34 所示。

因此，对于普通低碳钢，在表面要求不高时，带钢的延伸确定的小些，以使产品的屈服极限尽量低。而对于 IF 钢、不锈钢和双相钢，碳、氮对"钉扎"作用影响很小，因而使得屈服极限随平整变形的增加而升高。

（2）通过平整机组上的弯辊装置、轧辊压下单侧调整及轧辊凸度的设置，经过一次或两次平整便可减轻或消除原料的板形不良现象，为后续加工工序创造良好的条件。

（3）通过使用毛化处理的工作辊，可在带钢表面生成各种符合再加工工序要求的表面粗糙度。

（4）通过适当控制平整量，可对带钢机械性能起到有限的调控作用。图 3-35 显示了平整对带钢机械性能的影响。可以看出，除屈服极限外，其他性能的变化与轧制时相似，但由于平整的变形程度小，因而各项性能变化不大。通常随着平整度的增加，平整后带钢的塑性有所下降，强度略有上升。

（5）通过平整，还可减轻或消除连轧机或平整机工作辊喷丸处理不当、磨削不当造成的轻微辊印。还可以通过适当调整张力或速度来消除或减轻原料粘结对表面质量的影响。

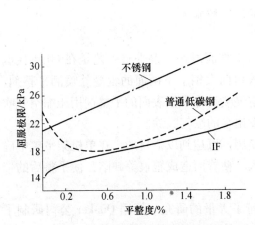

图 3-34　平整对带材屈服极限的影响

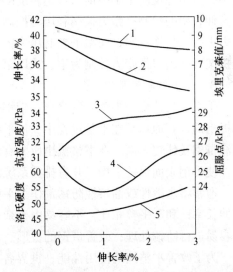

图 3-35　成批退火镀锡原板的伸长率和机械性能的关系
1—埃里克森值；2—伸长率；3—抗拉强度；
4—屈服点；5—表面硬度

3.5.1.2　单机架平整工艺

为适应平整机向高速化、高精度方向发展，在越来越多的平整机上应用了液压压下、过程控制计算机、湿平整、闭合辊缝穿带、S 辊装置、伸长率闭环控制等新技术，并在生产中发挥着显著作用。

A　平整度

（1）带钢平整度规定　平整度或伸长率是平整工艺的重要参数。用数字表示为

$$\mu = \left[(L - L_0)/L_0 \right] \times 100\%$$

式中　L_0——平整前带钢长度；

　　　L——平整后带钢长度；

　　　μ——平整度。

为了达到成品厚度，在轧机上轧制时，要考虑平整对厚度的影响，除了所要求的公称厚度外，还要在轧机的最后一架上留出一定的平整余量，它的大小依据钢种、冶炼方法和带钢厚度而定。一般沸腾钢所需的伸长率稍大些，铝镇静钢所需的伸长率稍小些。

平整余量 Δh，满足关系 $\Delta h = H - h$，因为 $\mu = (H - h)/h$，故 $\Delta h = \mu h$。

伸长率的制定必须考虑带钢对表面粗糙度的要求。平整度小于 0.6% 时，表面粗糙度难以控制，只有稍大的平整度才能将带钢的表面粗糙度提高到所要求的数值。

平整方式、时效、板形等都对确定伸长率有一定的影响。因此，在设定伸长率时，应综合考虑各因素的作用。

（2）伸长率的闭环控制　伸长率控制系统可以有精密旋转、脉冲发生器和晶体管计数器三种方式，它们都是通过测定入口侧和出口侧张力辊及导辊的转数，用转数差来表示伸长率，真实地反映了平整前后带钢长度的变化。

伸长率的控制有张力控制和压力控制两种方式。单机架平整时主要调节出、入口侧的张力进行伸长率控制，而湿平整时压力控制和张力控制并用。另外，双机架平整机也可以以机架间和出口侧张力控制为主，或以第一架的压力控制为主。

B　干平整和湿平整

干平整是传统的平整方法之一，带钢平整时不加润滑剂。湿平整工艺是在 60 年代偶然提出的，其原理是在平整过程中，从平整机入口向大钢上下两面的辊缝处喷洒平整剂，湿润带钢及轧辊表面。在平整机出口又有压缩空气喷嘴将带钢表面的平整剂用压缩空气吹除，使带钢表面保持干燥，并有排雾系统将挥发出来的废气吸除。

通常将水溶性或油溶性防锈剂作为平整液使用，可达到以下目的：在单机架平整中确保伸长率；和干平整相比，不容易由于杂质压入、粘着而造成辊痕等缺陷；使平整后的带钢容易进行防锈处理；改善带钢的板形。

为了改善平整液的使用性能，世界各国进行了大量的研究。德国 Quaker 公司研制了单机架平整机用 Qwer1N82-06。N272 以及 N506 等系列。国内第一代平整液 PTA-N2 也已经投入使用，基本满足了对带钢防锈的要求。

使用平整液时应有适当的喷射角，以兼顾对工作辊面和带钢表面的清洗作用，同时也可减少或控制由支撑辊带到出口侧的平整液量。

在平整机上设置了流量自动控制功能，可对平整液的流量进行自动控制。可根据平整速度来决定平整液流量的大小，操作员可根据带钢表面状况进行人工干预。

使用湿平整也存在一定的缺点：（1）轧辊表面的粗糙度不能直接压到带钢表面；（2）用湿平整加工的带钢涂漆性能较差；（3）平整液的润滑作用使伸长率加大，因而不适于平整伸长率小的带钢。

3.5.1.3　平整对带钢表面粗糙度的影响

在大部分情况下，特别是用作深冲材或镀锌材的带钢，要求代钢具有良好的表面粗糙度，以改善冲压性能和表面喷漆性能。这样的粗糙度只有通过具有一定粗糙度的轧辊进行平整来调整。

A　轧辊表面粗糙度的制造

在工作辊表面制造粗糙度，最普通的方法是在轧辊辊面喷丸。粗糙度大小的控制，主要是根据所要求的粗糙度值选择不同尺寸的钢丸。轧辊经过喷丸处理后，在四辊轧机上通过相当硬的支撑辊，使工作辊得到光整。在二辊轧机上首先使两下辊相互接触，以较低的速度进行多次空转。经过磨合运转后，在很长时间内轧辊粗糙度几乎不变。

随着用户对带钢表面粗糙度要求的提高，在平整机上不断采用了一些新技术，如激光法、电火花法和化学腐蚀法等。表面镀铬轧辊在平整机上使用，不仅可以减轻由于带钢规格变化所带来的对辊面的不良影响，而且可减轻辊面粗糙度的磨损，延长工作辊的使用寿命。

B　工艺参数对表面粗糙度的影响

带钢表面粗糙度受冷轧和退火后带钢的原有粗糙度、轧制压力、平整度、平整方式以及带钢材质和规格的影响。这些因素的综合作用是复杂的，并使粗糙度产生各种不同的变化。

平整对退火后的带钢表面会产生不同的结果，如果退火后的冷轧带钢表面是比较光滑的，通过粗糙的轧辊，会使带钢表面粗糙。而均匀粗糙的表面通过粗糙的轧辊，会得到修平，粗糙凸起的尖峰被压平。

由工作辊传递到薄板上的粗糙度，随平整率或轧制力的增加而加大，但增大到一定程度后，进一步增加伸长率或轧制力，粗糙度不变，这时钢板表面的粗糙度为最大的粗糙度。

喷丸后轧辊上的圆齿形成粗糙剖面，使薄板形成尖齿形粗糙剖面，粗糙度的传递随平整率而增加。正常的平整率为 0.5% ~ 1.5%，故轧辊粗糙度不可能完全传递到薄板表面。

平整方式不同，粗糙度的传递程度也不同。在平整率相同的情况下，带钢表面粗糙度在湿平整时明显低于干平整。因此，湿平整时轧辊的粗糙度要取得大些。对原始粗糙度相同的轧辊粗糙度的磨损周期，湿平整较干平整长。

轧辊辊面将逐渐磨损，这也会影响到带钢表面粗糙度。因此对表面粗糙度要求严格的带钢必须通过限制平整吨数和平整压力的办法来弥补工作辊表面粗糙度的变化。

3.5.1.4　平整过程的板形调整

A　板形

板形是表征带钢质量的一项重要指标。板形不良直观地表现为带钢外观的浪形、瓢曲、上凸、下凹等缺陷，使其失去平直性，如图 3-36 所示。只要带钢中存在残余应力，就可造成板形不良。带钢中内应力分布的规律不同，它所引起的带钢翘曲形式也不同。故可根据内应力的分布规律和带钢翘曲情况，将板形缺陷分为不同的类型，如图 3-37 所示。

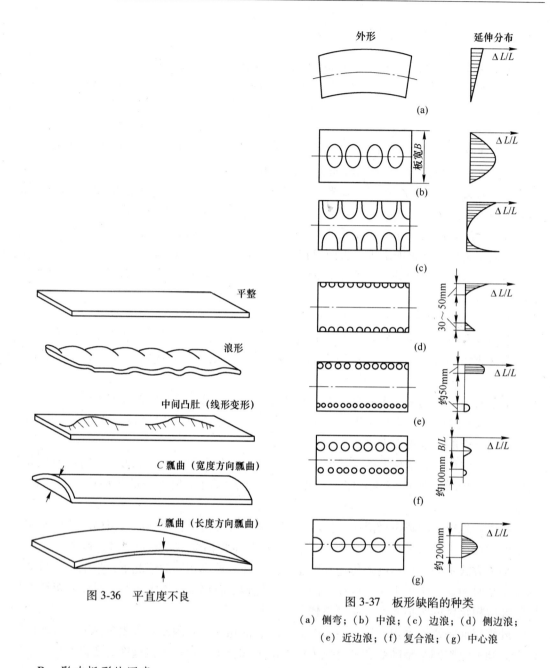

图 3-36　平直度不良

图 3-37　板形缺陷的种类

(a) 侧弯；(b) 中浪；(c) 边浪；(d) 侧边浪；

(e) 近边浪；(f) 复合浪；(g) 中心浪

B　影响板形的因素

（1）来料因素。原料沿宽度方向的厚度差称为同板差，沿轧制方向的厚度差称为同带差。无论同板差还是同带差，当带钢在平行辊缝中轧制时，就会产生不均匀变形。

（2）轧辊辊缝形状对板形的影响。轧辊的弹性弯曲变形、轧辊温度分布不均匀、轧辊的磨损、轧辊的弹性压扁、轧辊偏心、轧辊的原始凸度不合适等都会造成辊缝断面形状和带钢截面形状不符，从而造成带钢的板形不良。

（3）平整速度对板形的影响。速度的变化影响摩擦系数、变形抗力和轴承油膜厚度，因而影响轧制力和压下量，引起带钢沿长度方向的厚度变化，造成板形不良。故在平整过程中，应尽可能减少速度的变化。

C　改善板形的方法

改善板形的基本思想是在轧制过程中，根据实际情况，适时改变辊缝形状，使带钢板形控制在质量标准范围内。

（1）单边浪。可抬起出现浪形的上工作辊，或压下另一侧的上工作辊。对于不规则的单边浪，在调整工作辊倾斜的同时，增加卷取张力。

（2）双边浪。增大工作辊凸度，减少负弯辊力，增大正弯辊力。适当增加卷取张力也可起到调整作用，但调整量不超过设定值的15%。

（3）中间浪。减少工作辊凸度，减少正弯辊力，增大负弯辊力。也可适当增大卷取张力，但增大量不能超过张力设定值的15%。

（4）单边四分之一浪。若浪离边部较近，则将工作辊倾斜，抬起有浪形的一侧辊缝，同时适当增大正弯辊力；若浪离带钢中心较近，则将带钢中心适当调整，使浪部分尽量靠近中间，倾斜工作辊，抬起浪形一侧的辊缝，同时适当增大负弯辊力。但这类板形缺陷应该通过调整辊缝曲线来实现。

为了在平整机上实现对板形的最优控制，目前世界上已出现了HC轧机作为平整机的范例，并在平整机上投入了板形测量技术或CVC技术。大直径S辊在平整机上的应用，不仅起到稳定平整过程和提高轧制速度的作用，而且还由于S辊的分段张力控制，方便了平整机上的板形调整。

3.5.1.5　双机架平整特点

双机架平整主要用于平整镀锌厚板以及小于0.8mm以下的薄板，并可用于二次冷轧板生产。

双机架平整机的平整以轧制力作为参数进行调整。在双机架平整中，轧制力的调节一般不以第二架为对象，因为它是影响平坦度的一个重要调节因素，而只是调节第一机架的平整轧制力。当伸长率只有0.1%的变化时，轧制力变化却很大，对带钢的板形也有很大的影响，因此推荐了对应于带钢规格和平整度的轧制力范围。第二架轧制力的调整主要是用来调整板形。

双机架平整机各段张力的分配原则是：开卷张力小于上工序卷取张力，约为上工序卷取张力的90%~95%。入口S辊处，上S辊张力略大于下S辊张力。机架间的张力可根据材料硬度级别和断面大小而定。出口S辊张力和入口S辊张力相同。卷取张力应避免过大或过小。

对于工作辊表面粗糙度的要求，如需光亮表面，则第一架工作辊磨光后进行喷丸处理，粗糙度在0.95~1.0μm之间。第二机架工作辊先磨光，然后抛光，其粗糙度在0.03~0.05μm左右。如需麻面，则第二架工作辊先喷丸处理后，使其粗糙度在1.0~1.9μm之间。

通常在镀锌板的平整中不使用轧制液，而采用干平整。

3.5.2　冷轧带钢的精整

3.5.2.1　精整的作用

经前面各工序生产的带钢为带卷形式，直径可达2470mm，最大重量45t，带宽最大为 1850mm。这样大的钢卷不仅给运输、储存带来困难，而且用户使用起来也不方便。精整工序的任务就是根据用户的要求由精整设备将带卷剪成一定规格、尺寸和重量的卷或薄板并进行包装。精整作业线上有横剪作业线、纵剪作业线、重卷作业线、包装作业线。此外，为满足对板带平直度的特殊要求，作业线上还配有矫直机进行矫直。

3.5.2.2　横剪作业线

A　横剪机组的组成

横剪作业线的任务是根据用户对单张成品薄板的品种质量及交货条件的要求，把经过平整完毕的钢卷进行横剪、剪边成为一定尺寸的薄板，并按要求进行涂油、堆垛、打包及标记称重等工作。其基本工艺过程为：上料→开卷→对中→切边→打印→夹送→测厚→横剪→矫直→表面检查→自动分类→涂油→堆垛→包装→称重→入库。

各个机组的设备组成和布置不一定完全相同，但其生产过程基本上是一致的。

B　横剪机组的主要设备

（1）开卷机。为了保持钢卷内径，开卷机卷筒是可以涨开的，其工作程序是在回转油缸内通过高压油移动活塞杆，使扩涨器沿中空轴表面滑动，涨缩扇形体。单卷微型开卷机是悬臂支撑载荷，在承受大重量带钢卷时，卷筒外端应予支撑。

卷筒的涨缩是通过扇形件的楔形面与心轴上的楔形棱柱滑动面配合而产生的。滑动楔形面由青铜制成，必须有极好的配合，否则会发生局部受力而产生不正常的扭力。润滑是非常重要的，卷筒在频繁的涨缩工作下，如果润滑不好，卷筒轴和扇形块的联接处就会产生磨损，以致粘结，使卷筒涨缩失灵，不能工作。

开卷机为顺利开卷运行，其后要有一定的张力，而且要求均匀稳定。张力值不宜太大，约保持在 5×10^5 kPa 左右。若张力过大，超过前工序的卷取张力时，就会发生卷层间的摩擦，使带面受伤。此张力由夹送辊与开卷机共同形成。为保证在稳速、变速时有均匀无冲击的张力，必须配备可调的电气传动装置。

（2）剪切机（圆盘剪）。圆盘剪切机广泛用于纵向剪切厚度小于 20~30mm 的钢板及薄带钢。由于刀片是旋转的圆盘，因而可连续纵向剪切运动着的钢板或带钢。目前各国都在研究扩大它的剪切厚度，如两台串联圆盘剪，第一对圆盘刀片仅划出痕或轻轻地切入带钢表面，第二对圆盘刀片起剪切作用，这样可大大减少剪切力，允许用剪切较薄带钢所需的剪切速度和所需功率，来剪切较厚的带钢。这种圆盘剪可剪切 40mm 厚带钢。根据用途不同可分为切边圆盘剪和带材切分圆盘剪；根据剪切方式不同又可分为驱动剪方式和拉剪方式。

剪切机有以下几个调节机构：剪刃间隙调节、剪刃重合量调节、机架移动调节、剪刃水平调节、倾斜角调节。对于不同板厚，上下剪刃的间隙必须做相应的调节。一般剪刃间隙为带钢厚度的 10%~11%，同时重合量也必须作相应的调节。

为了防止钢板进入圆盘剪时向上翘曲，通常在圆盘前靠近刀片处装有压辊。

在单张钢板剪切的作业线上，此压辊为引料辊。为使钢板准确咬入盘剪，引料速度和剪切速度必须同步。

剪切机设有两个剪切头，每个剪切头各有一对剪切刀片。剪切头之间的间距可根据带钢宽度进行调节，因此不需要更换机架，就能快速改变切边宽度。

为使剪切后的钢板在出圆盘剪时能够保持水平而切下的边能向下弯曲，往往将上刀片轴对下刀片轴偏移一段不大的距离，或者将上刀片直径做成比下刀片直径小些。

在横剪机组上为了保证剪切薄板上板材拉平，两对圆盘刀片在出口方向必须向外倾斜1°左右，德国西马克通过生产实践总结出剪切薄板时，两对圆盘刀片倾斜的最佳角度为 1.3°。

剪切废边从带钢侧面导出，它可卷成废边卷，或者切成碎块，收集在容器中。一般多卷成废边卷，其方法是设置一台废边卷取机。为了使废边卷取有规律的进行，进口侧往复运动的整理导向辊，卷取芯轴上方有气动压辊，用来调节对废边卷的压紧力。这种方法的优点是废边带容易引导，特别是废边带能靠自重向下运行至地坑中。此外，成卷废边切碎的废边容易运输。

（3）厚度自动选废控制。带钢测厚装置设于横剪机前，它的任务是指示出不合格的带钢厚度，以保证每张成品板的厚度质量能符合产品要求，使超差板能自动选出，并垛入Ⅱ级品垛板台。

测量装置有机械接触式（通过压紧辊测量）、磁式（仅导辊与带钢接触）和非接触式（同位素或 X 射线测量法）三种。但不论哪种装置，都必须能可靠地测出 1/100mm 的厚度差。

（4）横剪机。横剪机是剪切机组的核心。它的任务是把带钢剪切成单张钢板。它应在整个速度和尺寸范围内，以最小的长度公差把钢板剪切成所需的长度，并且尽可能成直角，无毛刺。飞剪由决定送带速度的剪切作业线矫直机与剪断带钢的横剪机本体和传动装置组成。

为了得到较高的剪切长度精度和较好的切口，在剪断的瞬间带钢的速度与剪刃速度必须同步。实际上，通过改变主轴偏心量，可以得到任意的剪切速度。如果剪切时，剪刃的速度大于带钢的速度，则带钢会被拉伸，张紧的带钢在矫直机内产生不规则的滑动，这就是造成剪切长度误差的原因。相反，如果剪刃速度小于带钢速度，带钢就会在矫直机与剪机间形成波浪，使切口质量变坏。

（5）堆垛装置。经飞剪切断后的薄板以一定批量为单位进行堆垛，这种堆垛的装置称为堆垛机。堆垛机台数由剪切作业线的生产能力确定，一般备用废品堆垛机 1~2 台，成品堆垛机 1~3 台。

1）分类台：分类工序是通过测厚仪、超声波探伤装置和目视检查等方法检查出钢板缺陷，并把有缺陷的钢板挑出来送进废品堆垛机，把合格品堆入堆垛机的操作。钢板缺陷主要包括表面缺陷及厚度公差超限。

表面缺陷由分类工用肉眼进行观察。分类工的观察方向与钢板运行方向相反，这样可以更好地注意缺陷位置。当发现质量不好的钢板时，掀按钮，发出信号，则选废电磁铁断电，废板输送到废品堆垛台。板厚误差由测厚装置发出信号加以显示。

堆垛机的选择通过堆垛机门的开关来实现。当一张一定等级的薄板过来时，相应的堆垛机的门就打开，把薄板导入堆垛机内。为使门能准时准确地开关，许多生产线上都安装了各种信号送入门内并将薄板分类的装置。

根据所要求的表面质量，以及各种缺陷的可识别性，应尽量降低机组皮带机的速度，否则无法保证分类工作正常进行。

2）堆垛作业：冷轧薄板一般采用自动下落气垫式堆垛机，其结构如图 3-38 所示。钢板从运输皮带滑落到板垛上，为了防止板垛滑动和擦伤，将压缩空气喷吹在钢板与板垛之间，在钢板下形成一个气垫。侧导板是用普通钢板焊接而成的，与钢板接触的平面非常光滑。并且为了减少带钢边的磨损，这一平面是经过淬火镀铬的。挡块是对滑落到堆垛机上的薄板进行缓冲

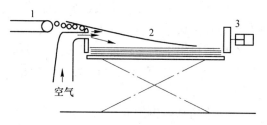

图 3-38　薄板堆垛下落方式（自重下落吹风方式）
1—传送机；2—薄板；3—限位器

制动的装置。过高的撞击速度会使钢板边缘损坏或撞弯，把挡块弹簧装置调软，以及用弹性材料做挡块，可克服此弊端。

（6）涂油机。涂油机是为防止用户使用前，钢板发生氧化而对带钢涂防锈油的装置。防锈油的油膜厚度应能调节，改变钢板运行速度或运行停止（例如挑出废板时），油膜厚度应保持不变。

目前常用的涂油装置有辊式涂油机、喷雾式涂油机及静电式涂油机。图 3-39 给出了各种涂油方法。

图 3-39（a）为辊式涂油机，由一条毛毡带挤出油，把它涂到钢辊上。钢辊把油送到橡胶辊上，这时油被均匀分配，然后涂到钢板上。辊式涂油法是一种较落后的涂油工艺。由于橡胶包覆辊辊面上的光洁度不可避免地被带钢毛边破坏和辊面拉毛，以及各个喷嘴的喷油量（单独调节）不同，甚至个别喷嘴堵塞，使得带钢表面油量极不均匀，而且挤出的油大部分落到地面上，既造成浪费又严重污染环境。

图 3-39（b）的喷雾式涂油机中，把油喷成雾状涂于钢板上，用毛毯改善油膜的均匀性。可用改变供油量的方法来调节油膜厚度，既可分级设多个喷油系统，也可间歇式喷油，其间隔时间可以调节。

图 3-39（c）为静电式涂油机。运往喷嘴的油在雾化喷嘴中雾化，从油嘴喷出的油雾在高压电极作用下带上负电荷吸附在带钢表面。静电涂油不仅油膜薄、均匀，并具有良好的弹性，而且对钢板的附着力强，无论从节油、防锈还是从保护环境角度上都具有明显的优越性。

在纵切机组中，只用可提升的毡对带钢的下表面涂油，带钢上表面则通过卷取沾得防锈油。

3.5.2.3　纵剪作业线

A　纵剪机组组成

为将轧后带钢按尺寸剪边或剪切成多根窄带，并卷取成窄卷交货，需要对连轧带钢进行纵向剪切。纵剪机组一般由以下设备组成：带卷供送装置、开卷机、夹送辊组、头部纠偏装置、侧导辊、打印机、切头剪、焊接机、纵剪机、废边卷取机、引带小车、分离辊装置、活套坑、压带机、张力辊装置、涂油机、卷取机、卸卷小车。

B　纵剪机组的主要设备

对纵剪机组的许多单体设备的选择和要求与横剪机组一样，现就主要设备进行讨论。

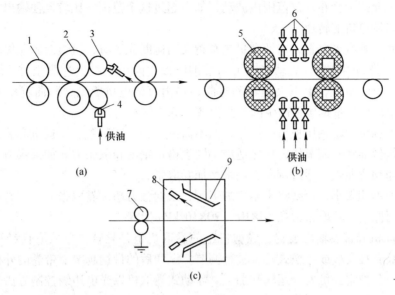

图 3-39　涂油机

（a）橡胶辊涂油膜；（b）喷嘴喷涂油膜；（c）静电涂油式

1—钢制夹送辊；2—橡胶涂油辊；3—钢制中间辊；4—毛毡；5—毛毡制成的分配辊；
6—可切换的喷嘴；7—接地辊；8—雾化喷嘴；9—高压电极

（1）切头剪。切头剪用于切除带钢头尾太厚或不合格的带钢段。切头定位部分取决于带钢端头的性能。在机组的另一端也须设一台切头剪，用于把纵剪后的带卷剪成直径和卷重较小的窄卷。

（2）纵剪机。纵剪机的刀盘安装在两根刀轴上，并用夹紧套筒将刀盘紧固在刀轴上。松开夹紧套筒，刀盘就能在刀轴上移动，这样就能在不拆卸剪切机架的情况下改变纵剪尺寸。

当将宽带钢切分成多根窄带钢时，为了精确调整，保持最小公差和实现无毛刺剪切，必须用更换式剪刃轴箱的方法快速进行尺寸更换。更换剪切机架的一般方法是用吊车将圆盘剪本体吊走。

（3）引带装置。引带装置用于引导纵切后的钢带穿过沿途设备，最终喂入卷取机卷筒的咬口。引带小车用永久磁铁吸住带钢，但永久磁铁不能释放，带来操作上的麻烦。宝钢纵剪机组的引带小车结构较为新颖，小车运行仍采用链带传动，有三个基本气动动作：夹紧带钢，横向拉开和向卷筒咬入送进。目前引带小车的结构形式很多，机组布置形式也各不相同，故很难推荐一台既适用于特定布置的机组，又有理想结构和功能的引带小车。

（4）活套器。为了获得良好的纵切带卷质量和简化电控系统，在圆盘剪后设一活套是十分必要的。纵剪机组活套器的作用，主要是补偿由于带钢断面厚度偏差引起的各纵切窄带之间的长度差。在机组运行过程中，活套坑应能同时容纳这些大小不同的活套。另外，可对机组速度的控制在活套处断开。

活套量的控制有光电管控制和数字式控制两种。数字式控制用两个数字式行程传感器分别装在机组进口端和出口端转向辊的轴头上。数字式控制比较可靠。

穿带后，活套坑出口端的带钢被夹住，形成一个不大的活套，然后全机组运转。机组正常运转时,允许活套在一定范围内波动,如果超过这个范围,比较器便输出一个误差信号来调节进口端电机的转速。

活套坑底部置有光电管,当活套量越来越大而遮断光源时,机组会紧急停车。

(5)制动张力辊装置。制动张力辊和带钢压板共同用于产生卷取张力。制动张力辊装置由四个包覆辊组成,上下夹送辊和弯曲辊均由直流电机驱动,弯曲辊压下后可形成180°的总包角,可使带钢压板产生的初张力放大0.4倍左右。

卷取张力也可用带钢压板直接产生,而不需制动张力辊装置。压板机旁装有一个调压阀,以便操作员能随时调节压力使之适应不同规格带钢的卷取张力。如果张力不够,可提转向辊中的随动弯曲辊,通过弯曲带钢来增加卷取张力。

卷取张力不能太小,否则将来用户加工时,来卷张力超过卷取张力,钢卷层间出现打滑使带钢表面擦伤。卷取张力在 $10 \times 10^5 \sim 20 \times 10^5$ kPa 为宜。

(6)卷取机和带卷输出装置。纵剪机组的卷取机也是悬臂夹紧式卷筒结构,卷筒直径可通过螺纹套接夹板或更换式芯轴进行调节。纵切后的带钢越窄,带卷的外径越小,从而保证带卷充分稳定并可安全运输和加工。浮动式卷取机以光电边缘控制方法来纠正带钢跑偏,其工作原理与头部纠偏控制相似。

输出带卷时,有两种从卷取机上取下纵剪窄带卷的方法。一是由一台卸卷小车将窄带卷抬起,在卸卷板的支托下,从卷取机区域内开出;另一种方法是卸卷板把窄带卷推到一个旋臂上,旋臂将这些窄带卷摆放到卷取机区外。

因为带卷太重,带卷内圈或卷取机芯轴容易损伤,而且超过一定重量的带卷根本不能推,故十字回转架不适合卸重带卷。对于重带卷一般是用一卸卷小车从卷取机运送到一个辊道上。卸卷小车除提升和移动这两个动作外,还有两端夹持臂摆动和夹紧钢卷端面的动作,这样可使钢卷在避免松开和倒下时移出机组作业线,从而保证捆扎在卷取机以外进行。这样可有效地缩短辅助时间,提高机组的作业率。

3.5.2.4 重卷作业线

A 重卷机组的组成

目前为了提高收得率,把冷轧带钢作为坯料进行冲压的情况越来越多,因此一半以上的冷轧带钢要成卷出厂。这样在精整工序中,对重卷机组的要求越来越高。重卷机组要求能检查、切边、矫直、涂油和分卷等工作,并为用户提供高平整的各种规格和重量的小卷。为满足这些要求,重卷机组中应包括下列设备:开卷机、夹送辊组、对中装置、侧导辊、切边机、毛边修整机、检查台、切头剪、焊机、矫直机、打印机、涂油机、卷取机。

B 重卷机组的主要设备

重卷机组中大部分设备的作用、功能与纵剪机组相同。

(1)毛边压光机。经过切边的带钢穿过毛边压光机进行压边,压光毛边的主要作用是保护带钢在拉伸矫直机张力辊上的包覆面。两侧的压力辊机架可通过调节丝杆进行相对移动,上下辊都是可调的。上辊可通过液压压下,下辊是倾斜状,可通过楔块手动进行垂直调节。毛边压光机作为新颖的处理毛边的设备,也可应用于其他机组中。

(2)焊机。在向用户交货前,必须切除有表面缺陷和有厚度误差的带钢段,再用焊机将无缺陷的带钢段重新焊接起来。

重卷作业线一般采用滚焊机或多点点焊机，也有的在个别部位采用氩弧焊机，全部自动对缝，自动焊接。严密的对接滚焊机的焊接质量很好，焊缝强度可达母材强度的100%，搭接部位厚度不超过母材厚度的110%。这样既薄又平整的焊缝是可以出厂使用的。焊机前后各有两副侧导辊和活套器，以便在焊接时对准带钢。

焊机进出口侧都有夹板，进口侧有废板头推出器，出口侧有止挡器，这些装置用来辅助焊接和剪切动作。

（3）矫直机。板带材在轧制、冷却和运输过程中，由于各种因素影响，往往产生形状缺陷，如纵向弯曲（波浪形）、横向弯曲、中间瓢曲及镰刀弯等。为消除这些缺陷，轧件需在矫直机上进行矫直。

1）辊式矫直机。辊式矫直机应用最广泛。矫直辊顺序交错排列，带钢经矫直辊反复弯曲得到矫直。上下矫直辊的排列如图 3-40 所示。自入口侧到出口侧开口量逐渐增大，使带钢的弯曲曲率逐渐减小，出口处开口量等于带钢厚度。对入口处的矫直要

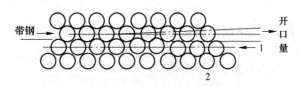

图 3-40　矫直机矫直辊的配置
1—矫直辊；2—支撑辊

根据带钢厚度和板形给予适当的压下调整量。支撑辊不只用于防止矫直辊弯曲，而且能按一定的要求调整到某一位置，使矫直辊型成凸度或负凸度，局部弯曲矫直辊，以达到矫直带钢的目的。辊缝调整类型如图 3-41 所示。准确矫直所需的调节量，必须通过经验和观测得出。

为了获得好的矫直效果，矫直辊直径和矫直辊数量必须根据板厚而定。钢板越薄，则辊径应越小，辊数应越多。

2）拉伸矫直机。拉伸矫直机适用矫直厚度小于 0.6mm 的薄钢板及有色金属板。拉矫的特点对轧件施加超过材料屈服极限的张力，使之产生塑性变形，从而矫直轧件。

单张板用钳式拉矫机，其设备生产率低且钳夹住的部分要切除，金属损耗较大。对连续带钢可使用张力平整辊组进行粗矫，并能改善带钢的机械性能，但在张力作用下，工作辊易串动而影响矫直质量，目前已被拉弯矫所取代。

3）拉伸弯曲矫直机。用辊式矫直机矫直带材，通过对带材的反复弯曲，消除了部分冷轧薄板的板形缺

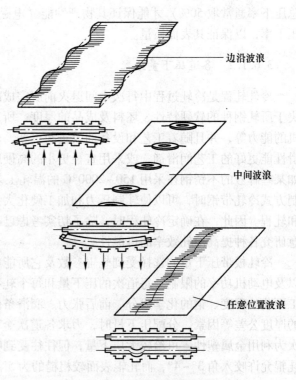

边沿波浪

中间波浪

任意位置波浪

图 3-41　矫直辊调整方法

陷，但尚未达到消除三元缺陷所需的塑性伸长率。纯拉伸矫直需要很大的张力，且延伸不均匀，较脆的钢易拉断。而采用能同时对带材施加拉伸和弯曲变形的弯曲矫直机，能矫直普通矫直机所不能胜任的边波和中波，而且可以达到很高的平坦度要求。在拉弯矫直机上，弯曲和拉伸引起带材横截面的中性层下移，产生中性层层应力。这个中性层偏移量与带材厚度相比，数值很小但对带材的矫直作用很大。正是中性层的偏移，使带材在反复弯曲拉伸时，拉伸层应变与压缩层应变不能互相抵消，从而在不大的拉应力作用下，使带材产生塑性拉伸变形，并矫直带材。

任务 3.6　冷轧带钢工艺制度的制定

3.6.1　压下制度的制定

3.6.1.1　原料选择

冷轧板带钢采用的坯料为热轧板带，坯料最大厚度受冷轧机设备条件（轧辊强度，电机功率，允许咬入角，轧辊开口度等）限制；坯料最小厚度的确定则应考虑所轧成品的厚度、钢种、产品的组织性能要求以及供坯条件（热轧带生产）等因素。一般厚度较薄的产品，则坯料厚度相应选择小一些。为满足产品最终的组织性能要求，坯料厚度的选择必须保证一定的冷轧总压下率，例如：连轧机总压下率一般为 50%~65%，单机可达50%~89%。又如冷轧汽车板必须有 30% 以上（一般 50%~70%）的冷轧总压下率，否则成品最终的晶粒大小和深冲性能达不到要求。硅钢板也需一定的总压下率（第二次冷轧总压下率通常取 50%）才能保证其物理性能（电磁性能）。不锈钢板也要求一定的冷轧总压下率，以保证其表面质量。

3.6.1.2　各道压下量分配

冷轧轧程是冷轧过程中每次中间退火前所完成的冷轧工作。冷轧轧程数的确定主要取决于所轧钢种的软硬特性、坯料及成品的厚度、所采用的冷轧工艺方式与工艺制度以及轧机的能力等，并且随着工艺和设备的改进与更新，轧程方案也在不断变化。例如，改用润滑性能更好的工艺润滑剂，或采用直径更小的高硬度工作辊都能减少所需要的轧程数，又如某些牌号的不锈钢在采用 150~2000°C 的温轧工艺时，变形抗力显著降低。采用异步轧制方式冷轧带钢时，可以使轧制压力和加工硬化大为减少。这些都大有利于减少轧制道次和轧程。因此，在确定冷轧程时，除了切实考虑已有的设备与工艺条件外，还应当充分注意研究各种提高冷轧效率的可能性。

冷轧板带压下量的选择受到轧辊参数及它所能承受的最大压力、轧机结构、轧制速度以及电动机功率的限制。每道次的压下量和每个轧程总压下量的选择还应考虑金属的冷加工硬化的程度、钢的化学成分、前后张力、润滑条件以及成品最终的机械性能和长宽方向的厚度公差等因素。分配压下量时，力求各道次金属对轧辊的压力大致相同。第 1、2 道次为利用金属塑性，可给较大压下量，但往往受到咬入条件限制，在有良好润滑经研磨的轧辊允许咬入角 3°~4°，而轧辊表面较粗糙的为 5°~8°。第 1 道考虑到热轧来料的厚度偏差不宜采用过大压下量，中间道次随冷加工硬化的增加应逐道减少压下量。最后 1~2 道为保证板形和厚度精度一般采用较小压下量。由于冷轧板带的厚度较薄，故制定压下制度时通常采用分配压下率的方法。

逐道压下率的分配一般有三种，冷连轧机压下量分配基本上与单机架冷轧机分配相同。

（1）压下率逐道次减小，是应用最广的方法。

（2）压下率各道次基本相同。多用于连轧机、可逆式单机架。某冷轧厂 1700mm 五机架轧机压下量分配即采用此方法，如表 3-6 所示。

表 3-6 某厂冷轧 2.0→0.5mm 压下率分配

道 次	H/mm	h/mm	$\Delta h/mm$	$\varepsilon/\%$
1	2.00	1.52	0.48	24
2	1.52	1.15	0.37	24.3
3	1.15	0.87	0.28	24.3
4	0.87	0.66	0.21	24.1
5	0.66	0.55	0.16	24.2

（3）压下率逐道增大（均有工艺润滑）。如日本五机架冷轧机轧制镀锡板压下率分配，如表 3-7 所示。

表 3-7 日本某厂冷轧镀锡板 2.28→0.2mm 压下率分配

道 次	H/mm	h/mm	$\Delta h/mm$	$\varepsilon/\%$
1	2.28	1.60	0.68	29.8
2	1.60	0.99	0.61	38.1
3	0.99	0.59	0.40	40.4
4	0.59	0.35	0.24	40.7
5	0.35	0.20	0.15	43.0

具体分配计算按上述三种分配方法，对具体数值的确定，一是参考同类条件经验数据予以选定；另一种是分配各机架（如连轧机）的负荷采用能耗法。当有类似的单位能耗曲线资料，可确定各架负荷分配比，再算出压下量。若没有合适的能耗资料，也可根据经验采用分配压下系数 ξ_i 的方法，则各道的压下量 Δh_i 为：

$$\Delta h_i = \xi_i \Sigma \Delta h$$

式中 $\Sigma \Delta h$ ——冷轧时的总压下量；

ξ_i ——压下分配系数。

各种冷连轧机压下分配系数列于表 3-8。

表 3-8 各种冷连轧压下分配系数 ξ_i

机架数	道次（机架）号				
	1	2	3	4	5
	压下分配系数 ξ_i				
2	0.7	0.3			
3	0.5	0.3	0.2		
4	0.4	0.3	0.2	0.1	
5	0.3	0.25	0.25	0.15	0.05

3.6.2　张力制度的制定

所谓"张力制度"是指选定在冷轧板带生产中的张力。对于可逆式轧机是来选定轧机前后的张力卷筒间的张力（平均单位张力 $\sigma = \dfrac{T}{F}$，T 为总张力，N；F 为带钢横截面积，mm^2）；对于连续式冷轧机是选定各机架间的张力和第一架轧机与开卷机、第末架与卷取机间的平均单位张力。从理论上讲，单位张力不应超过带钢的屈服极限 σ_s，可接近其值。但由于带材内残余应力的存在，以及应力集中等因素的影响，实际上带材内张应力是不均匀分布的，因此在单位张力 σ 的作用下带材内各点张应力大小不一。当某点的实际张应力达到允许值时，就可能出现拉"细"或拉断，特别是当因边部延伸较小而引起边缘受拉时，应力集中比较显著，允许采用的张应力值小于中部。因此，实际张应力值 σ 应取多大数值要视延伸不均匀情况、钢的材质、加工硬化程度及板边情况等因素而定。实践证明，后张力对减少单位压力的效果较前张力更为明显。较大的后张力可使单位压力降低 35%，前张力仅能达 20%，因此在可逆式冷轧机上通常采用后张力大于前张力的轧制方法，同时这样还可以减少断带的可能性。生产中采用的张力按 $\sigma = (0.1 \sim 0.6)\sigma_s$ 选取，范围较宽。不同轧机，不同的轧制道次，不同的品种规格，甚至不同的原料条件，要求不同的张应力 σ 与之相适应。当操作技术水平较高，变形比较均匀并且原料比较理想时，可选高一些的张应力 σ 值；当带钢较硬，边部不理想或者操作不熟练时，可取 $\sigma = (0.2 \sim 0.4)\sigma_s$，一般不超过 $\sigma = 0.5\sigma_s$。在轧制低碳钢带时，有时因考虑到防止钢卷退火时产生粘结等原因，成品卷取张力不能太高，一般选用 $50N/mm^2$ 左右，其他钢种可以高些。连轧机的开卷张力很小，一般仅为 $1.5 \sim 2.0N/mm^2$，可忽略。此外，连轧机各架张力的选择还需考虑主电机之间及主电机与卷取电机之间的合理功率负荷分配，一般是先按经验范围选择一定的张应力 σ 值，然后再进行其他方面的校核。考虑主电机之间及主电机与卷取机之间的合理功率负荷分配，一般是先按经验范围选择一定的张应力值，然后再进行设备能力及咬入条件等校核。4、5 和 6 机架式冷连轧机压下制度实例如表 3-9 所示。

表 3-9　4、5 和 6 机架冷连轧机压下

| 项　目 | 轧件厚度/mm | | 压下量 | 压下率 | 各架前张力及卷取张力 |
机型	轧前	轧后	$\Delta h/mm$	$\varepsilon/\%$	/MPa
No. 1	2.75	1.85	0.9	32.7	1.47
2	1.85	1.20	0.65	35.1	78.4
3	1.20	0.90	0.3	25.0	98.0
4	0.90	0.80	0.10	11.1	53.9
卷取机	—	—	—	—	39.2
No. 1	1.90	1.42	0.48	25.8	0.98
2	1.42	0.90	0.25	36.6	107.8
3	0.90	0.55	0.35	38.9	137.2
4	0.55	0.33	0.22	40.0	147.0
5	0.33	0.21	0.12	36.4	196.0
卷取机	—	—	—	—	29.4
No. 1	2.00	1.50	0.50	24.8	1.37

项　目	轧件厚度/mm		压下量	压下率	各架前张力及卷取张力
机型	轧前	轧后	Δh/mm	ε/%	/MPa
2	1.50	1.07	0.43	31.2	127.4
3	1.07	0.65	0.42	37.0	176.4
4	0.65	0.415	0.235	34.0	156.8
5	0.415	0.265	0.15	34.0	117.6
6	0.265	0.215	0.05	19.0	73.5
卷取机	—	—	—	—	13.7

3.6.3　速度制度的制定

冷轧带钢按作业制度不同，有三种速度制度，即转向、转速不变的定速轧制，可调速的可逆轧制，固定转向的可调速轧制。

（1）转向、转速不变的定速轧制。这种速度制度主要用有小型冷轧窄带钢的 2 辊、4 辊轧机上。因这类轧机在启动、制动过程中带厚可能超差，另外这类轧机目前仍大都采用手动测厚和调整，故最大轧制速度为 0.5m/s。

（2）可调速的可逆轧制。此类轧制每次都要经过加速、减速、停车、换向等过程。速度太高、过渡时间长，板带钢超差长度增加。此外，轧制的板卷质量一般为 5~30t，限制了速度的提高。故轧制速度一般为 5~20m/s。

（3）固定转向的可调速轧制。固定转向的可调速轧制的典型代表为冷连轧机组的速度制度。冷连轧机组生产的最大特点：速度高（20~40m/s），生产能力强，轧制板卷重大（40~60t）。轧制先采用低速轧制（约 1~3m/s），待板带通过各机架并进入卷取机后，加速到最大速度，进入稳定高速轧制阶段。

任务 3.7　镀层钢板生产

3.7.1　钢铁热镀锌工业的发展

镀锌层对钢铁制品有着良好的防护作用，所以几乎是在人们认识到它这一特性的同时便开始了对镀锌工艺的研究。对于钢板、钢丝、型钢、器皿、铸件、紧固件等，都用镀锌来进行防腐蚀，镀锌的锌消耗量占了锌产量的 50% 左右。

在各种镀锌方法中，有热镀锌、电镀锌、热喷镀、真空蒸发镀、机械滚镀等。其中用于热镀锌的锌量占全部镀锌消耗量的 90% 以上。之所以出现这种趋势，主要是由于热镀锌层厚，耐腐蚀性强，成本较低，镀层的厚度、韧性、表面状态都能控制。近几十年来，电镀锌方法也获得了较快地发展，但是在镀锌钢板生产方面之所以未能取代热镀锌钢板生产工艺，其中主要原因之一便是热镀锌工艺能以较低的成本取得较厚的镀层。

钢铁热镀锌，原本是指钢铁热浸镀锌，但是随着热镀工艺的发展，已远远超出了这一范畴。首先，人们研究了金属进入镀锌液后的作用，并加入少量 Pb、Sb 来获得具有美丽结晶花纹的表面，从而确立了传统的热镀锌工艺。继而，为防止锌液的氧化和获得美观的表面而在锌液中加入了 0.01% ~ 0.05% 的铝。后来为了提高镀锌层的附着力和加工性能，在锌液中加入 0.15% ~ 0.2% 的铝，从而改变了镀锌层成分和结构，不仅提高了镀锌层的附着力，也同时减少了锌液表面的氧化。为了获得耐大气腐蚀性能更好、在较高湿度下抗氧化能力更强的产品，20 世纪 60 年代以后，又渐次出现了含铝 5%、55% 以及含 5% ~ 30% 的一些镀锌铝合金的产品。

3.7.2　冷轧热镀锌板生产

带钢表面热镀锌是固态金属铁与液态金属锌间的反应和扩散过程。当钢板经过表面净化处理呈现出纯铁表面后，浸入锌液中便开始了锌铁之间的扩散，并形成了铁锌合金层。钢板离开锌锅后，带钢表面带出的锌液冷凝后即为纯锌层（锌花层）。在纯锌层和钢基之间还有一层铁锌合金层，它把二者紧紧地粘合在一起。经后处理工序后，带钢就成为良好的热镀锌板。

3.7.2.1　镀前处理

森吉米尔法连续热镀锌的工序很多，但可概括为如下主要工序：镀前处理、热浸镀锌、镀后处理。

镀前处理包括带钢的清洗和退火。图 3-42 中退火炉由废气预热段（RWP）、无氧化加热段（NOF）、辐射管加热段（还原段，RTH）、缓冷段（SC）、喷气冷却段（快冷段，GJS）、低温保温段（LTH）组成，退火炉总长 101m。冷轧后的带钢表面残留有轧制油等杂质，它们直接影响镀锌板的质量。这些杂质部分在无氧化加热段中被蒸发掉，部分与炉内极少量的氧气发生燃烧反应而除掉，但燃烧后带钢表面会残留炭黑。因此新建的镀锌机组在炉子前设有清洗段（采用碱洗法或电解清洗法）以除去带钢表面轧制油和脏物。图 3-42 中清洗段由碱洗喷射槽、碱液刷洗槽、刷洗漂洗装置、换辊装置、清洗循环系统、排雾装置组成。碱液用苛性钠（NaOH）配制，浓度可调。

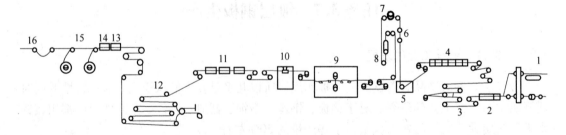

图 3-42　连续卧式镀锌机组设备布置图

1—入口段（包括开卷机、夹送矫直机、双层剪、焊机）；2—清洗段（清洗槽）；3—入口活套；4—退火炉；
5—锌锅及气刀装置；6—1 号空气冷却器；7—2 号空气冷却段；8—水淬槽；9—光整机；10—张力矫直机；
11—铬酸钝化及新增耐指纹处理装置；12—出口活套；13—静电涂油机；14—分切；15—出口段；16—3 号剪切段

带钢进入辐射管加热段时，在含有氢气的还原性混合气体作用下，在退火的同时带钢表面的氧化铁被还原成海绵状的纯铁层。带钢出还原段后一般直接进入快速冷却段，考虑到快速冷却段同还原段靠得太近，还原段的高温辐射会使快冷段设备受热而变形，既影响冷却效果，又使快冷设备寿命降低，图 3-42 所示的退火炉增设了 5m 长的缓冷段（空冷段）。低温保温段的作用是使带钢进入锌锅前断面温度均匀。

3.7.2.2　热浸镀锌

带钢退火后经过风冷冷却到 470℃ 左右时，通过炉鼻进入锌锅，在熔融锌液中进行热浸镀锌。现代化的热镀锌装置如图 3-43 所示，它由锌锅、镀锌辊及气刀组成。

锌锅中的锌液温度为 430～450℃，而正常运转时带钢温度为 470～510℃，以热带钢供给的热量足够满足锌液所需之热量，所以在正常工作时，锌锅不必另外加热。

气刀是用喷射高压气体将从锌锅中出来的带钢表面上多余的锌液吹掉，从而控制锌层厚度。锌层厚度是自动控制的。一般来讲，气刀的气体压力越大，距离越小，或带钢速

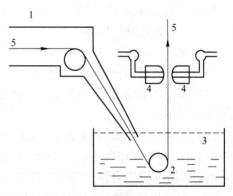

图 3-43　热镀锌装置
1—炉子；2—镀锌辊；3—锌锅；4—气刀；5—带钢

度越慢，则锌层厚度越薄。反之，气刀的气体压力越小，距离越大，或带钢速度越快，则锌层厚度越厚。

由于带钢在熔融锌液中铁和锌发生反应，生成一种铁锌合金层，这种合金层较厚时，镀锌板弯曲加工时合金层易折裂使锌层剥落。为了抑制铁锌合金层的增长，并形成附着力强的 Fe_2Al_5 层，就必须在锌液中加入适量的铝。此外，抑制铁锌合金层的生长而添加 0.1%～0.2% 的铝能使锌花美丽。

3.7.2.3　镀后处理

镀后处理包括光整、小锌花处理、合金化处理及化学处理等。热镀锌板表面光亮而有锌花，根据用途不同而采取一些方法来改变其表面性质。

光整是为了改善带钢机械性能、表面粗糙度和平直度，图 3-42 中光整机由入口设备、入口测张辊、光整机本体、出口测张辊和挤干辊组成，轧制方式有恒延伸率控制、恒轧制力控制、定张力控制三种，可进行湿光整和干光整。

如果要涂漆或提高耐腐蚀性，就要进行小锌花或合金化处理。小锌花处理是指当镀锌板从锌锅中出来后，喷射雾状水或蒸汽使锌液快速冷却，将锌层凝固，使结晶没有形成树枝状花纹所需的时间。小锌花比大锌花涂装性能好。合金化处理是带钢从锌锅中出来时，温度为 450℃ 左右，通过锌层退火炉将带钢加热到 600℃，再降到 500℃，使其进行合金化反应，使镀锌板表面合金化，提高耐腐蚀性能。

化学处理是用铬酸溶液处理带钢，以防止镀锌板产生白锈。

3.7.3　钢板热镀锌的相关产品

热镀锌钢板的耐大气腐蚀性能，远远超过了普通钢板，但工业的发展对它提出了许多新的要求，如要求具有更高的耐大气腐蚀的能力，在较高的温度下具有耐氧化的能力，更好的涂装性能，以及在面临锌资源枯竭的情况下，降低锌资源的消耗等。因此在热镀锌钢

板的基础上，开发出了一系列热镀锌合金钢板。

3.7.3.1　热镀锌合金钢板

通常所说的合金化镀锌板，是指表面镀层为 Zn-Fe 合金的钢板。其生产过程是通过对热浸镀锌后的钢板进行加热退火，使其表面的镀层在 510~560℃继续进行 Zn-Fe 的扩散反应，直至镀层表面的纯锌层消失，完全转化为 δ_1 相的 Zn-Fe 合金层。

与一般的镀锌钢板相比，它的表面性能发生了变化：

（1）单一的合金化层对钢板的附着力优于普通的热浸镀锌钢板表面，所以它的冷弯性能得以提高。

（2）合金化热浸镀锌钢板的表面是含铁量为 7%~13% 的铁锌合金层，它的电极电位比纯锌层正，它自身的腐蚀速度比纯锌层低，而且仍不丧失对钢基的电化学保护能力。所以它的总体耐腐蚀能力强于热浸镀锌钢板。

（3）合金化热浸镀锌钢板表面比较粗糙，已无金属光泽。这样，由于比表面积增大而使接触面积增大，从而提高了涂层的附着力。有资料介绍，在表面无油的情况下，合金化热浸镀锌钢板可以直接进行涂装。这时，涂膜的附着力仍高于磷化处理的热浸镀锌钢板。

（4）合金化热浸镀锌钢板的焊接性能优于热浸镀锌钢板。

3.7.3.2　小锌花与无锌花镀锌钢板

常规热镀锌板裸露使用时，一朵朵漂亮的大锌花曾很受人们的青睐，但如果把这种常规热镀锌板作为涂层基体材料使用时（例如用于家电和汽车板），由于锌板表面的凹凸不平，会妨碍表面的平滑性，即使光整后再涂层，涂层表面也会产生色泽不均、不美观的缺陷。特别是在锌花中铅的局部富集，降低了耐蚀性能。为了改进这一缺陷，因而使无锌花或小锌花镀锌板产品的生产得到了发展。

A　小锌花镀锌钢板

带钢经锌槽镀锌后对其镀锌表面进行的处理，加快表面结晶化，从而使镀锌表面获得非常小的结晶，或者叫小锌花。

a　喷雾法生产

过去的办法一直是采取在镀锌液凝固前，向带钢的镀锌层表面喷水、水蒸气，在其中加入一些晶粒成核物质（例如磷酸盐），或使之与冷却辊接触的方法，促进锌晶粒成核。这些方法都有其不足之处，例如，在生产中出现喷嘴堵塞，向镀锌层喷水或水蒸气会使喷嘴的周围环境变得很潮湿，致使作业线设备受到严重的腐蚀等。

b　冷辊法生产小锌花镀锌板

采用内冷辊方法则有其独特的优点，即内冷辊法比其他方法促使锌晶粒成核更洁净，故障更少。采取在冷却辊的表面形成一层传热液膜的方法，一般是用水作为传热液体，将水注入涂层表面与冷却辊面之间的缝隙内，从而给镀层表面与辊面之间提供了良好的传热，这样能在整个带钢面上形成均匀、稳定的小锌花。另外，传热液如果与附近的设备接触，将会造成腐蚀。但是试验结果发现，如能正确地操作设备，腐蚀情况可减至最少。如能非常小心地将冷却液只喷涂在冷却辊的表面，形成一层薄薄的液膜而不发生喷溅或搅动现象，在其周围环境内就很少有水或水蒸气存在，这样便不会明显地出现环境对涂层设备的腐蚀。

B 无锌花镀锌钢板（无铅镀锌钢板）

热镀锌钢板表面的锌花对涂层后表面质量的影响以及镀层在某些情况下会产生晶间腐蚀的缺陷，使人们把目光转向了无锌花热镀锌板的生产。实践证明，当锌中（含铝锌液）的铅含量（质量分数）小于 0.005% 时，含铝锌液在凝固时热镀锌表面便不会形成锌花，而且铅在这个含量范围也不会引起晶间腐蚀。因此，生产此种产品的关键是如何获得用于生产的无铅（低铅）锌锭。在生产中，宜采用专门的锌锅来生产无锌花板，否则锌锅中锌液的更换和成分调节很麻烦。

3.7.3.3 镀锌铝合金钢板

70 年代初期，由于环境污染的加剧，迫切要求更加耐腐蚀的镀锌板新品种问世。在这种形势下，美国伯利恒公司研制了 $w(Al)55\%$、$w(Zn)43.5\%$、$w(Si)1.5\%$ 的铝锌合金镀层钢板，称为 Galvalum 镀层钢板，其耐腐蚀性为普通镀锌板的 2~6 倍，镀层的性质为阴极保护（热镀锌板的锌层称阳极保护）。瑞典、比利时、卢森堡、日本、加拿大、英国等先后购买这种专利权，并全都投入商品化生产。

80 年代初期，由国际铅锌协会组织研制出 $w(Al)5\%$、0.1% 稀土的（质量分数）锌铝合金镀层钢板，称为 Galfan 镀层钢板。这种新产品的镀层性能仍然为阳极保护，完全保持热镀锌板的所有特点，而耐腐蚀性却为热镀锌板的 2~3 倍，是一种很有发展前途的新产品。Galfan 享有专利保护，至今全世界已有 19 个国家 43 条生产线正在采用它来改善常规的热镀锌板性能，年增长率达 50%。

A Galvalum 铝锌合金镀层钢板

这是美国伯利恒钢铁公司经过十年的研究，于 1972 年研制出来的镀层技术，其镀层成分：Al 55%、Si 1.5%、其余为 Zn。

Galvalum 的特点：（1）镀层组织 Zn-Al 合金，表面光滑，属于阴极保护，具有良好的抗腐蚀性：比镀锌板高 2~6 倍；（2）较好的抗高温氧化性能：表面温度可达 510℃ 左右，基本上和热镀铝板相当，300℃ 下可长期使用；（3）较好的热辐射反射性，在相同的暴晒下，镀锌板热辐射反射能力降至 5% 时，而 Galvalum 可高达 55%；（4）比镀锌板涂敷性好，更适合作涂层板的原板；（5）比镀锌板的成本低；（6）镀锌铝合金温度高，要求 620℃，而镀锌温度为 450℃；（7）镀层的粘附性不如热镀锌板，成形性较差，焊接性也不如镀锌钢板。

Galvalum 采用热浸镀方法生产，基本上与热浸镀锌相似，所不同的是：（1）镀铝锌加热温度高达 620℃，而镀锌只需 450℃，镀铝锌用锅需用耐火材料砌衬或采用陶瓷材料。（2）为了加强冷却，设有加速冷却系统以提高镀层的质量，即采用镀后快速冷却工艺。

Galvalum 钢板的用途：（1）建筑方面可用于屋面板、墙板、仓库、水管、水槽、烟囱、遮挡板、活动房及暖气片等。（2）汽车工业方面可用于排气系统、隔热罩，消音器和下护板等。（3）器具方面可用于空调器、烤炉、烘箱、电冰箱、干燥室、燃烧室、热交换器、仪器外壳、柜子、家具、垃圾箱、水箱及路标牌等。

B Galfan 锌铝合金镀层钢板

80 年代初，在国际铅锌协会（ILZRO）委托赞助下，比利时国立冶金研究中心

（CRM）研究推出最新的热 Zn-Al 合金镀层产品，其镀层成分：Al 5%、铈镧混合稀土 0.1%、其余为 Zn，称为 Galfan。ILZRO 协会从 1982 年开始转让 Galfan 生产许可证，至 1985 年底全世界领取许可证的厂家已达 32 家，遍及五大洲 14 个国家。其中已有 11 家公司（厂）投入商品化生产。

　　Galfan 的特点：（1）具有良好的耐腐蚀性。Galfan 镀层组织具有双相结构特征，镀锌后快冷（约 20℃/s）会得到致密而富锌和富铝细化分布的共晶组织。由于它们的电化学性能很相似，故 Galfan 较常规热镀锌板腐蚀速度慢且均匀。Galfan 属阳极保护，它的耐大气腐蚀性是常规热镀锌板的 2~3 倍。（2）具有良好的成形性，变形前后耐腐蚀性不变，优于热镀锌、锌铁合金及 Galvalum 镀层钢板，可与冷轧板基板媲美。适合小角度弯曲和深冲加工。（3）具有良好的涂敷性，优于热镀锌及 Galvalum 镀层板，与锌铁合金镀层钢板相似。可使合金层与涂漆层之间的结合长期保持稳定。（4）具有优良的综合性能。抗边缘蠕变性好，至少与热镀锌板相同。其焊接性优于 Galvalum 镀层钢板，与热镀锌钢板相似。（5）镀层时温度较低，比镀锌温度低 20℃。（6）耐高温性可达 320℃，而镀锌板为 230℃。（7）镀层表面比普通镀锌层更为光亮，因为 Galfan 合金的熔点比纯锌大约低 30℃，在生产中锌锅的操作温度可比普通镀锌低 20℃，从而缩小了锌锅温度和镀层凝固温度之间的温度差，于是 Galfan 镀层比普通镀锌层更容易产生极小锌花，加之 Galfan 镀层薄膜均匀致密，其镀层表面便显得光亮美观。

　　Galfan 镀层钢板生产工艺流程与热镀锌钢板基本相同，其不同点如下：（1）热浸镀温度低，镀锌铝温度比热镀锌温度约低 20℃。（2）镀后快冷，在锌铝合金镀层凝固前要进行快速冷却，冷却速度要控制在 30℃/s 或更快才能使镀层获得理想的片状共晶体组织。

　　Galfan 镀层钢板的特点是耐腐蚀性强、成型性好、涂敷性好，因此其用途十分广泛。概括地说，它可以应用于目前普通镀锌产品的一切应用领域，以适应环境污染日益严重的情况并延长镀层产品使用寿命的要求。主要应用在建筑业、容器、器具业、汽车业、农业及其他行业。（1）用于外部建筑，作屋面、侧墙、围墙、雨水管，内部建筑以及设施的构件，空调器、通风管道等，相当大的一部分锌铝合金镀层钢板是彩涂后使用。（2）容器、器具业：包装箱、民用洗涤盆等。（3）农业粮食装运容器、蔬菜棚骨架、牲畜饮水槽、排灌设施等。（4）汽车业：雨刷臂、前灯支架等。（5）其他公路护栏、路牌、信号牌、邮政信箱、家用电器、小五金等。

　　我国镀锌产品种类一般为规则锌花、光整锌花、涂油、钝化以及少部分的小锌花、合金化无锌花产品，1996 年进口量为 1.05 万吨左右，使用量正逐步增大。

　　我国钢丝行业镀锌铝合金已走在前面，天津钢丝厂已购买 Galfan 生产许可证，建设了 1 套生产能力 2 万吨/年的钢丝镀锌铝生产线，总投资 150 万美元，其中锌锅投资 21 万美元，专利费 10 万美元。另外，上钢二厂、贵州钢丝厂分别建成了 Galfan 钢丝生产线或进行了立项。国家正在制定《锌—5%铝—稀土合金钢绞线》标准。株洲冶炼厂已于 1993 年购买了 Galfan 合金锭生产专利，并已生产出口 Galfan 合金锭，价格比锌锭约高 8%。

　　攀钢二号热镀铝锌生产线采用世界上生产镀锌板的先进工艺美钢联法，即电解+刷洗加全辐射式立式退火炉，能生产高质量的镀锌板。机组采用了立式活套和双锌锅生产（GI 和 GL 产品），配置有耐指纹生产装置，可以生产自润滑和耐指纹表面涂层产品，整个机组的装备水平处于世界和国内领先地位。

3.7.3.4 其他热镀锌合金钢板

除了上述的三种热镀锌合金板之外，还有其他一些热镀锌合金钢板被开发并形成了商品，举例如下。

A 热镀 Zn-Al 超塑性合金镀层

日本于 20 世纪 80 年代研制了镀层成分为 $w(Zn)78\%$-$w(Al)12\%$-$w(Si)0.1\%\sim0.3\%$ 的镀层。采用助镀剂法生产，Si 的加入极大地抑制了 Zn-Fe 合金的生成，获得了良好的塑性，从而提高了加工性能和镀层附着力。

B Zn-$w(Al)4.5\%\sim5\%$-$w(Mg)0.1\%\sim4\%$ 合金镀层钢板

1985 年日本新日铁公司陆续推出了铝含量为 5%～10%、镁含量为 0.1%～4% 的热镀锌合金板，此种产品具有银白色的表面，其耐大气腐蚀性能为镀锌板的 4～10 倍。特别是在镀层中加入了镁，可以防止在高温、高湿度下容易产生的晶间腐蚀。另外，为了克服大量生成氧化物浮渣，改进镀层性能，还加入了 Ti、B、Si 等元素。

这种镀层的特点是在锌—铝—镁三元组织的基体中分散有初生铝和锌单相组织，具有良好表面和耐蚀性能。铝—锌—镁的三元共晶组织是由初生铝相、锌单相和金属间化合物 Zn_2Mg 组成的（如图 3-44 所示）。

所谓的初生铝相，是在锌—铝—镁三元平衡图中的高温区的 Al 相，是一种固溶了锌并含有极少量镁的铝的固溶体。在三元共晶组织中呈现具有明显边界的岛状分布。它在常温下在锌相中分离为细微的铝相。

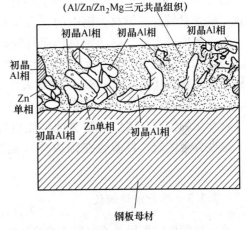

图 3-44 锌—铝—镁三元共晶结构

锌单相也是在三元共晶组织中有明显边界并呈岛状分布的组织。它实际上也是固溶了少量的铝和极少量的镁，与形成三元共晶组织的锌不同，包含着初生铝相和锌单相的基体组织为 ZnMg 系的相。

镀层中的铝起着提高镀层耐蚀性能和抑制浮渣生成的作用。当镀液中的铝含量不足 4%（质量分数）时，对提高镀层耐蚀性能的作用并不强。当镀液中含镁时，镁氧化所生成的氧化物对抑制浮渣生成的作用较差。当铝含量超过 10% 时，铁铝合金层的成长明显地加快，镀层的附着力明显地下降，所以铝的最佳含量是 5.0%～7.0%（质量分数）。

镀层中的镁，在表面腐蚀过程中生成均匀的腐蚀产物，能明显地提高镀层的耐蚀性能。当镀层中的含镁量不足 1.0%（质量分数）时，镁在腐蚀时生成的腐蚀产物不能明显地提高表面的耐蚀性能。镁的含量达到 1% 以上时，镀层的耐蚀性能大幅度地提高；而在镀层中镁的含量达到了 4% 时，镁提高耐蚀性的能力达到了极限。而且当镁的含量超过了 4% 以后，即使镀液中含有铝，镀液表面的氧化也会加剧，增加了浮渣的生成量。所以当镁的含量在 2.5%～3.5%（质量分数）时为最好。

在锌—铝—镁三元组成的体系中，如果出现了 $Zn_{11}Mg_2$ 相结晶，则会极大地降低表面的质量和耐蚀性能。

在进行热浸镀时，如果镀液的温度低于470℃，镀后的冷却速度低于10℃/s时，则会出现斑点状的$Zn_{11}Mg_2$。当镀液温度超过470℃以上时，则较少受冷却速度的影响。而即使镀液的温度在450℃以下，只要冷却速度在12℃/s以上，也可以获得理想的组织。

热浸镀锌—铝—镁镀层已经应用于带钢和钢管镀锌中。获得了期望的性能。例如，使用厚度为1.6mm的热轧中碳钢板，还原炉温度为600℃、露点为-40℃，镀液成分为含铝0.15%~13.0%（质量分数）、镁3.0%（质量分数）、余量为锌，在460℃下浸镀3s后采用空气冷却，冷却速度为12℃/s（从镀液温度至镀层凝固时的平均值）。

镀锌—铝—镁合金镀层有着良好的耐大气腐蚀性能。这是由于它的腐蚀产物与镀锌板和镀锌铝合金板有所不同。这可以由对热镀Zn-6%Al-3%Mg钢板的大气暴露试验结果与镀锌板的大气暴露试验结果的比较中得到说明。在农田环境中，对于镀锌—铝0.2%钢板大气暴露试验后1年的钢板表面，生成的腐蚀产物是碱式碳酸锌$[Zn_4CO_3(OH)_6 \cdot H_2O]$，在暴露5年之后在表面腐蚀产物中检出氧化锌（ZnO）。

C　Zn-Ni合金镀层

自20世纪40年代开始，廉价而有效的硅被用作镇静剂加入钢水中脱氧，与此同时也出现了硅含量较高的钢材。钢中的硅含量对钢材热镀锌有着不利的影响，即有圣德林效应。为了解决硅含量较高的钢材热镀锌问题，通过在锌液中加镍，降低了铁损和镀层厚度。镍的加入提高了锌液的流动性，而且本身不易氧化，在使用助镀剂法镀锌时也不像铝那样与氯化物发生反应。1985年加拿大率先生产了成分为Zn-0.09%Ni的镀Zn-Ni合金板，此种镀层表面光亮，镀层减薄，可以节约用锌量。主要是因为镍的存在能有效地抑制脆性合金层的生成，镀层的耐腐蚀性能也有提高。其盐雾腐蚀寿命是普通热镀锌板的2倍。这些合金镀层，目前也在国内外其他镀锌制品如管材、线材、结构件等方面推广应用。

3.7.3.5　单面镀锌钢板

热镀锌钢板的发展并不仅限于合金镀层方面，在新产品、新技术开发方面也有很大的发展。自20世纪70年代以来，热镀锌钢板大量用于汽车制造业，在使用中，汽车工业对热镀锌板的两侧表面提出了完全不同的要求。由于内热外冷出现结露，内表面比外表面处于更苛刻的腐蚀环境中，这就要求内表面比外表面具有更强的耐腐蚀性能。外表面由于有良好的涂层保护，所需要的是平整的表面及最佳的涂装性能。但即使是去除了锌花的镀锌表面，在经过表面处理之后，锌花的影响仍然使其涂装性能（无论是附着力还是平整程度）不如冷轧钢板好。

3.7.3.6　彩色镀锌钢板

彩色镀锌钢板是专指在镀锌板表面，不经钝化染色等化学处理或涂料涂装，自然呈现彩色，如蓝、红、绿、黄等颜色的镀锌产品。

随着人们审美观点的增强，1989年日本推出了彩色热镀锌钢板，它具有不同的色彩并有更好的耐蚀性能。我国也在20世纪90年代中期开始了这方面的研究工作。

与其他一些化学处理或电化学处理形成表面彩色膜的机理相似，彩色镀锌板表面形成某种薄膜。这时，会有两种情况：一种是在镀锌表面形成的透明薄膜的厚薄不同，由于光的干涉而呈现出彩色；另一种是成膜物质中含有过渡金属元素，配位场中过渡金属离子产生颜色。

在锌液中加入镍和钛，在不同的浸渍和冷却条件下，可以获得金黄、紫和蓝等不同的颜色的表面。在锌液中加入锰和铜，在适当的条件下可以形成彩虹色的镀层。

在锌液中加入镍、钛之后，在适当的条件下进行浸镀和冷却，对表面的彩色膜层进行的研究表明，镀层的表面都有成分接近于 Ti_2O_3 的氧化物膜，进一步试验表明 Ti 优先被氧化，由于氧化膜对光的干涉作用，镀层出现了颜色，随着氧化温度的升高，氧化膜厚度增加，颜色由黄色而变为紫色或蓝色。

在锌液中加入锰和铜时，由于锰在镀层表面的富集，并发生交替性的氧化，产生了包括 MnO、$ZnMn_2O_4$（$ZnO \cdot Mn_2O_3$）、Mn_5O_3 等氧化物。这样在表面中的锰至少有两种价态存在，即二价的锰（MnO）和三价的锰（Mn_5O_3）它们的外层电子能级分别是 $3d^5$ 和 $3d^4$，由于在电子能级跃迁时释放或吸收的能量不同，因而光的波长也不同，所以出现了多种颜色相间的彩虹色。

彩色镀锌产生的颜色除了与加入的金属有关之外，还与浸镀的温度以及浸镀后的冷却工艺条件有关。后两种因素都对氧化膜的厚度有着影响。

3.7.3.7 耐指纹热镀锌板

以毛化光整工作辊轧制的光整板并辅以耐指纹有机涂层，以其优良的防腐蚀性、耐指纹性、面涂附着性及可焊接性，深受电器厂商青睐。目前在一些发达国家和地区生产耐指纹产品的厂家较多。也可通过对现有的钝化装置、烘干装置进行改造，并增设一套简易冷却系统，采用挤干法生产耐指纹光整产品。

3.7.3.8 无铬镀锌钢板

镀锌是提高钢铁抗大气腐蚀的有效方法，但是在潮湿环境中镀锌层容易发生腐蚀，在锌层表面形成白色疏松的腐蚀产物或使颜色变成灰暗。钝化处理可使锌层表面形成钝化膜。目前，使用最广泛的是铬酸盐钝化处理，该钝化工艺简单、膜结合力好、成本低、抗腐蚀性能好。经铬酸盐处理后，钝化膜层中铬主要以三价和六价形式存在，其中三价铬作为骨架组成网络，六价铬分散在其中和凝胶物形成薄膜，前者具有较高的稳定性，可以使钝化膜具有一定的厚度和良好的机械强度；后者则有自修复作用，因而耐蚀性很好。但六价铬致癌、有毒，对人和环境危害严重。随着环境保护意识的增强及世界各国近年来在环保法规中对铬酸盐的使用和废水排放日益严格的限制，在金属表面处理领域中，铬酸盐最终被禁止使用已成为必然的发展趋势，采用新的对环境友好的无铬钝化技术已迫在眉睫。对无铬钝化替代产品的研制和开发已成为金属表面处理领域的必然发展趋势和目标，也是各国钢铁企业及其他金属表面处理业所共同面临的一个世界性难题。

目前，无铬钝化主要包括无机物钝化（钼酸盐钝化、钨酸盐钝化、稀土金属盐钝化等）和有机物钝化（采用腐殖酸、单宁酸、环氧树脂、丙烯酸树脂、二氨基三氮杂茂及其衍生物等来代替铬酸盐钝化）。

硅酸盐是一种使用方便、来源丰富、价廉、无毒的缓蚀剂。从环境保护考虑，它的应用几乎不受限制。硅酸盐保护膜是由水中带正电的金属离子和带负电的硅酸根离子或二氧化硅胶囊作用而形成的吸附化合物。为了增加膜层耐蚀性，钝化时需在溶液中加入有机促进剂，或将有机促进剂作为单独的后处理溶液。有机促进剂分为磷化合物（烷基磷酸、羟基磷酸或磷酸盐类）和氮化合物（脲、硫脲化合物等）。在有些配方中还加有抗坏血酸、硼酸、酒石酸及其盐类等。有机促进剂的加入（加入量一般很少），能显著改善钝化膜的表面质量，提高钝化膜的耐蚀性能。

宝钢从 2003 年起着手进行环保产品的研究开发。目前，涉及 ROHS 指令的五大类十个冷轧品种的无铬化试制已全面展开，并取得突破性进展。宝钢试制成功国内首个环保涂镀产品耐指纹电镀锌板，并形成批量生产能力。目前，该产品已全面实现无铬化切换，被广泛用于电脑机箱、音像视听器材等电子电器产品。海尔、格兰仕、联想等国内家电制造业巨头使用后对宝钢的产品质量表示满意。用宝钢环保钢板制造的"绿色"家电产品已开始进入中国百姓家庭并批量出口海外。据世界著名第三方认证机构 SGS 的权威检测，宝钢电镀锌无铬耐指纹钢板的各项性能完全符合欧盟的环保要求。另外，其他无铬环保产品也已陆续进入小批量试制及用户评价阶段。全顺汽车选用有机无铬钝化工艺完全避免了含铬废水的问题，而且提高磷化耐盐雾性能 10% 和磷化膜的质量。上海大众途安工厂的油漆车间也已淘汰了传统有铬钝化工艺，有效地保护了环境。

ROHS 指令是欧盟《电气、电子设备中限制使用某些有害物质指令》的英文缩写，于 2006 年 7 月 1 日实施，此后，违反该指令的产品将不得进入欧盟市场。该指令对我国电子、电气产品出口产生的影响，按 2005 年贸易额估算约 560 亿美元。

ROHS 指令一共列出六种有害物质、包括：铅 Pb、镉 Cd、汞 Hg，六价铬 Cr^{6+}，多溴二苯醚 PBDE、多溴联苯 PBB。ROHS 指令中六种受限物质的危害：（1）铅：对神经系统造成伤害；（2）镉：对骨骼、肾脏、呼吸系统造成伤害；（3）汞：对中枢神经和肾脏系统造成伤害；（4）六价铬：会造成遗传性基因缺陷；（5）PBB 和 PBDE：强烈的致癌性和致畸性物质。

ROHS 指令针对所有生产过程中以及原材料中可能含有上述六种有害物质的电子、电气产品，主要包括：白家电，如电冰箱、洗衣机、微波炉、空调、吸尘器、热水器等；黑家电，如音频产品、视频产品、IT 产品、数码产品等；电动工具；电动电子玩具；医疗电气设备。

任务 3.8　彩色涂层钢板生产

3.8.1　概述

3.8.1.1　彩色涂层钢板的种类

彩色涂层钢板又叫有机涂层钢板，是指有机涂料涂敷于钢板（有时也有铝板）表面而获得的涂装产品。此类涂层钢板在各行业制作各类产品后无需再进行涂装工序，所以又将有机涂层钢板归为预涂层钢板。

有机涂层钢板一般由冶金企业集中生产，由于省去了产品制作中的涂装工序，大大降低了各类制造业成本。据估计，薄板涂层制品的成本降低了 5% ~ 10%，节省能源约 1/6 ~ 1/5。尤其节约了薄板制品的预处理和涂装设备的大量投资，并且改善了企业的环境和工人的劳动条件，自然受到用户欢迎。

有机涂层钢板兼有有机聚合物与钢板两者的优点，既有有机聚合物的良好着色性、成型性、耐蚀性、装饰性，又有钢板的高强度和易加工性，能很容易地进行冲裁、弯曲、深冲、焊接等加工，这就使有机涂层钢板制成的产品具有优良的实用性、装饰性、加工性、耐久性。

目前有机涂层钢板的品种繁多，大约超过 600 种，但至今仍没有一个严格的分类方法，因为在众多的品种之间难以找到一个区分它们的标准。同时，各厂家都有其独特的设备、工艺，产品品种很多。现在只按一般习惯分类。

（1）按使用基板分类。通常用于有机涂层钢板的基板有：冷轧钢板、热镀锌钢板、热镀锌合金化钢板、热镀锌—铝系合金钢板、电镀锌合金钢板、电镀锌钢板、镀锡钢板、镀铬（无锡）钢板、铝板等。

（2）按加工工艺分类。按涂敷方法不同，有辊涂法、喷涂法、淋涂法、粉末法、覆膜法、印刷法等制得的有机涂层钢板；按涂敷次数不同，有一涂一烘、二涂二烘、三涂三烘、四涂四烘等不同工艺涂敷制得的有机涂层钢板；按压花或印花加工分，还可细分为木板纹、大理石纹或羊皮纹、水泥砂浆纹等涂层钢板。此外还有表面植绒产品。

（3）按使用涂料种类分类。通常按用于制作有机涂层的涂料分类，有聚氯乙烯涂层钢板、聚酯涂层钢板、丙烯酸涂层板、氟碳涂层板、硅聚酯涂层板等。

（4）按涂层性能特点分类。按有机涂层性能特点分，有高耐候涂层板、耐高温涂层板、自熄涂层板、灭菌涂层板、不粘雪（用于屋顶）涂层板、耐指纹涂层板以及自润滑涂层板等。

（5）按特殊涂料和用途分类。如以环氧富锌涂料、以冷轧钢板为基板的有机涂层板，有表面植绒钢板以及一些特殊有机涂层复层板，如贴木膜板、夹芯板、防震板等。

有机涂层钢板腐蚀速度除与有机涂层物理化学性能有关外，还取决于有机涂层的抗气体、液体和离子的渗透性能。

3.8.1.2　有机涂层的防腐蚀机理

钢材同水和空气接触发生腐蚀反应，是局部电池作用的结果，即所谓电化学腐蚀。有机涂层具有隔绝钢材与外界腐蚀环境的功能。如前所述，涂层钢板发生腐蚀的前提是溶液溶质离子在涂层中的渗透，那么有机涂层的防腐蚀效果，自然取决于离子在涂层内迁移的难易程度。当离子经过涂层、渗透到钢材和涂层界面后并形成局部电池时，具有高电阻值的有机涂层，相当于在局部电池两极间插入一电阻，使局部电流难以流动，因而阻碍了钢材的腐蚀。由此可知，有机涂层的防腐蚀性能与涂层的成分、厚度、均匀性以及涂层与钢基的结合力等有密切关系。

图 3-45 为有机涂层防腐蚀示意图。增加涂层厚度和层数会减少涂层实际存在的微小针孔，这样也提高涂层的耐蚀性，如采用二涂二烘或三涂三烘工艺，即可得到耐蚀性优良的有机涂层钢板。

有机涂层钢板的耐蚀性通常以失光、变色、粉化、细裂、开裂鼓泡和锈斑等腐

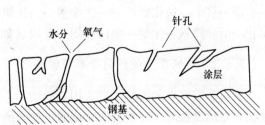

图 3-45　有机涂层防腐蚀示意图

蚀破坏程度来表示。

影响有机涂层钢板耐蚀性的因素很多，涉及有机涂层钢板的基板种类、涂料种类、涂敷层数和厚度，涂层钢板使用环境以及有机涂层钢板应用中的机械加工、运输、保管、施工安装和施工后维护保养等诸多方面的因素。单从有机涂层钢板的涂层特性原理分析，决定有机涂层钢板耐蚀性的根本因素是涂层结构特性和基板的耐蚀性能。涂层的保护性在大气腐蚀环境下，主要决定于涂料的耐蚀性或抗老化性。

影响有机涂层钢板寿命的因素很多，一般很难回答某种钢板的使用年限问题。通常采用各种典型大气环境和腐蚀介质工况条件下的户外挂片长期暴晒试验，并结合实验室模拟使用环境的加速抗气候性能实验结果，综合评价而取得钢板使用寿命的实验结果。即便这样，取得的寿命数据也只是在设定的工况环境下的概率寿命，与有机涂层钢板的实际寿命仍有差异。国外有人提出，有机涂层钢板的耐久年限是指涂层严重硬化粉化以前的时间，即指规定年限内不龟裂、不脱落。有报道称，在户外使用的有机涂层钢板，受污染和气候变化的侵蚀、长期遭受阳光照射而致使硬化和粉化，因湿气而膨出和松孔，最终渐失涂膜保护作用并需要重新涂漆维护处理，在处理之前的使用时间作为使用寿命。根据此寿命概念，国外由当今涂料水平，认为可确定有机涂层钢板涂膜在重污染气候环境条件下，一次使用寿命为 20 年，乡村地区为 30~40 年。

综上所述，有机涂层钢板的使用寿命可归纳为：（1）装饰性使用寿命，指涂层钢板表观出现褪色、粉化、龟裂、局部脱落等缺陷，尚未达到涂膜大片失去保护作用的程度；（2）一次翻修前的使用寿命，涂层钢板表观出现大部分涂层锈斑等缺陷，影响基板进一步腐蚀的使用时间；（3）极限使用寿命，指涂层钢板不经翻修长期使用，直至出现严重腐蚀的使用寿命。

3.8.1.3　有机涂层钢板的主要用途

有机涂层钢板具有广泛的应用空间，可以说使用涂装薄膜的地方都可以用有机涂层钢板替代，它还可以代替一些水泥、砖瓦、石料和木材，所以，有机涂层钢板被广泛用于建筑、运输、家电、轻工等领域。

3.8.2　彩涂板连续生产工艺

有机涂层钢板品种繁多，达 600 余种，各个生产厂家及有机涂层钢板生产工艺各有其特色，但大体可分为三大类，即涂料式、层压（覆膜）式和印染式三种工艺。这三种工艺有时可在同一条生产线上交替使用。这些工艺流程大体上是相近的。工艺流程大致是：开卷→切头、切尾→缝合（或焊接）→去毛刺→脱脂处理→挤干→活套储料→磷化处理→水洗→挤干→钝化处理→一次涂敷→一次烘烤→冷却→二次涂敷→二次烘烤→冷却→压印花→活套储料→涂蜡→出口剪切→卷取（如图 3-46 所示）。

3.8.2.1　钢带（板）的开卷与联接

有机涂层钢板的连续生产所用基板均为卷带。卷带打开即开卷，开卷进入生产线运行是在一专用设备——开卷机上完成的。打开的卷带头部都是不规整的，需要在线剪切机上切平。

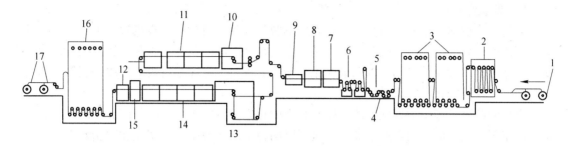

图 3-46　有机涂层钢板连续卷带生产工艺流程图

1—开卷机；2—预清洗；3—入口活套；4—张力矫直机；5—1 号碱洗槽；6—2 号碱洗槽；7—磷酸铁槽；
8—磷酸锌槽；9—铬酸盐槽；10—底漆辊涂机；11—底漆固化炉；12—冷却装置；13—面漆辊涂机；
14—面漆固化炉；15—压花机；16—出口活套；17—卷取机

为确保卷带的连续运行，前卷带在用完后必须和后续卷带联接，联接有缝合和焊接两种形式。因为缝合设备投资少，缝合速度快，绝大部分机组采用缝合机联接。不过多道次缝合接头宽且接头厚度增加，相当原基板厚的 3~4 倍。此时为了防止接头在生产过程中刺伤胶辊，必须在接头通过胶辊时将胶辊抬起而造成一段空白，而且在抬起挤干辊时还会使相邻表面预处理槽液相混，造成污染。

如若采用焊接则可避免缝合的上述问题。不过焊接机投资大，焊接时间也长，一般约比缝合长 40% 左右，这就要求增加活套储料的量，这也增加了相应投资。在后期大型高速现代化机组上，为减少金属损失和减少设备维修时间，大多选用焊接联接，这样有较好的经济效益。

钢带板形对有机涂层板辊涂质量有着极大的影响，因此在现代有机涂层带钢生产线上，钢卷带开卷之后均采用重型辊式矫直机或张力矫直机等进行矫直。

3.8.2.2　钢带（板）的前处理

为增强涂料对基板表面的附着力，提高涂层产品的耐蚀能力，在钢板涂敷涂料之前，必须对钢板表面进行预处理，预处理通常包括磨刷、脱脂、磷化、钝化等工艺过程。

A　钢板的磨刷处理

众所周知，钢板表面往往在储运过程或生产当中染上油污或者产生局部锈蚀等，一般经化学处理难以除净，特别是一些经过钝化处理的镀锌钢板，表面有一层钝化膜，需要除去以使表面活化。因此在对卷带表层进行预处理时，应根据不同基板和不同的表面状态，选择适当的磨刷处理。

磨刷处理工序有的安排在两级脱脂工序之间，有的则直接设于脱脂工序之后。

磨刷处理是用刷辊磨刷钢板表面。刷辊有钢丝刷辊、尼龙毡刷辊（此时往往在钢辊芯上，配合碳化硅、刚玉粉使用）、硬塑料丝（用刚玉粉作为填料制作）刷辊等。刷辊与支撑辊交错布置。这样可增大刷辊对带钢的表面的压力，增加磨刷效果，如使刷辊带钢反向转动，其磨刷效果更佳。

经过磨刷，可除去基材表面黏附力较强的污垢和粗糙的氧化物，同时通过刷辊旋转磨削，可使基材表面具有活性。

B　钢板的脱脂处理

为进一步清除钢板表面污渍，钢板表面的脱脂处理，成为每条有机涂层钢板生产线都需采用的前处理工艺之一。脱脂的目的是除去基材表面的油脂、灰尘和金属等杂物，使金属表面非常洁净和容易浸润，以保证在化学转化处理时，能在基材表面形成一层结构均匀的、结合力较强的化学转化膜。

钢板脱脂多采用化学处理方法。脱脂处理的化学溶液的主要成分是碱类，同时含有少量的润湿剂、表面活性剂等助剂成分，这可以明显提高溶液的脱脂速度和脱脂效率。

脱脂处理几乎多采用喷淋式，例如日本的大洋、川崎、住友公司所属11条有机涂层钢板生产线均如此。

脱脂处理设备在涂层生产线的位置则不尽相同，有的设在活套之前，这可以防止活套辊子沾上钢带带来的油脂而打滑；有的设在活套之后，这可以防止钢带在通过活套时被设备上滴落的油脂再次污染。在现代有机涂层连续生产线中，常采用电解脱脂法，可以取得更佳的脱脂效果。

基板经过碱清洗后必须用热水冲洗，洗去残留在基板表面的清洗液或固体颗粒，以免带入化学转化处理工序中。为保证冲洗干净，一般采用二级冲洗法。冲洗完后还将用橡胶辊挤干，以免基材带走更多的清洗液和冲洗液。

C　钢板的表面化成处理

为增强附着力和抗腐蚀能力，在钢板表面经过脱脂清洗之后，还需要进一步进行化成处理，即磷化处理和钝化处理。

采用的基板类型和涂敷使用的涂料不同，化成处理的工艺有所区别。对于冷轧钢板，通常先进行表面的磷化处理，而后再进行钝化处理。磷化处理一般采用以磷酸二氢盐为主的磷化液。采用磷酸二氢盐处理的工艺通常称作铁系处理，因为它的转化膜的成分主要是 $FePO_4 \cdot xH_2O(x=2\sim30)$ 和 $\gamma\text{-}Fe_2O_3$。采用磷酸二氢锌处理，通常称作锌系处理，此时磷化膜的主要成分是 $Zn_3(PO_4)_2 \cdot 4H_2O$ 和 $Zn_2Fe(PO_4)_2 \cdot 4H_2O$。

镀锌钢板采用磷酸二氢锌溶液进行磷化处理时，$Zn_3(PO_4)_2$ 的沉积较为困难。为此往往在磷化处理之前，先进行一次预活化处理，此后可以在其表面生产许多小的磷酸盐结晶，这些结晶将成为进一步磷化时磷酸锌结晶的晶核，使磷酸锌结晶生长速度加快，而且成膜也较为均匀。

钢板的磷化处理通常有浸渍和喷淋两种方法。不同方式反应效果有着明显差别，在浸渍处理时，钢表面层的处理液扩散较弱，此时表面附近的处理液浓度低于远离表面处的处理液浓度，镀锌钢板则往往要求预先对表面进行调整处理。而采用喷淋处理时，钢表面总是和新鲜处理液接触，此时磷化处理效率自然高。

对镀锌钢板，有时不采用磷化处理而是先进行表面活化处理，然后进行钝化处理。

钢板经磷化处理后形成的一层化学转化膜，存在许多无膜的空白点，这自然影响其耐蚀性，所以在磷化之后需再进行一次封闭处理，通常是用铬盐进行钝化处理。此后，转化膜的耐蚀性能明显提高。

目前，国内外开发了一种新的辊涂式表面预处理法，即以辊涂方式，将表面处理液（一般为含铬酸盐的溶液）辊涂于钢板表面而后吹干或烘干，随即进行涂料的涂敷，这种辊涂预处理方法，可以省去浸渍或喷淋法必需的庞杂的贮槽、管道、液泵，以及清洗、挤净设备，减少厂房面积，降低环境污染，节省大量投资，所以辊涂法预处理被新建生产线或改造旧线采用。

由于对环保要求日益提高，各国都致力于开发无铬钝化的处理方法，例如钛酸盐、锆酸盐、硅酸盐等都受到广泛关注。

3.8.2.3　钢涂料的涂敷

A　涂敷工艺

通过涂敷工艺，要使有机涂料均匀地涂敷于钢带表面，并且准确地控制涂层厚度。

涂敷的方式主要有三种，即辊涂式、淋涂式和喷涂式，如图 3-47 所示。

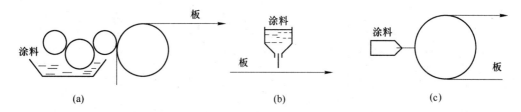

图 3-47　有机涂层钢板的涂敷方式
(a) 辊涂式；(b) 淋涂式；(c) 喷涂式

淋涂式最早用于单张钢板涂层。涂膜厚度由涂料槽底部流口缝隙宽度、涂料黏度和钢带运行速度加以控制。此方法不适用于涂覆较薄的涂膜，不能涂覆双面涂层，涂层也不够平坦，单张图案性涂层钢板尚用此法生产。

喷涂式涂覆也是起源于单张板涂层，后来发展用于卷带涂层。曾有过空气喷涂、无空气喷涂和静电喷涂三种喷涂装置。此方法涂料喷溅消耗较大，涂膜厚度控制局限性大，涂层质量难以保证，并同样存在淋涂式中难以解决的那些缺点。

辊涂式涂覆是近代涂层机组通用的高速涂覆方法，涂敷速度高达 240m/min，可以同步对钢带进行双面涂覆，也可以进行印染。涂膜厚度的控制较其他涂敷方式较为容易。辊涂装置设于钢带运行方向的两面位置，如图 3-48 所示。辊涂装置结构形式多种多样，有两辊式、三辊式。底层涂和单层背面涂惯用两辊式装置，即一辊为沾料辊，另一辊为涂布辊。面层涂往往采用三辊式装置，即在两辊式装置中增设一个测量辊和一把刮刀，一起用于涂膜厚度控制。面层涂辊装置也可为印染式涂装工艺使用。

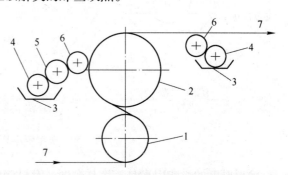

图 3-48　有机涂层钢板的涂敷方式
1—转向辊；2—支持辊；3—涂料盒；
4—沾料辊；5—调节辊；6—涂敷辊；7—钢带

辊涂方式有两种，即逆向涂、顺向涂，如图 3-49 所示。逆向涂是指涂层辊的旋转方向与钢带运行方向相反，适用于涂布较厚的涂膜。顺向涂是指涂布辊旋转方向与钢带行程方向一致，适用于涂布较薄的涂膜。最常用的辊涂方式是两辊逆向涂、三辊（V 形）逆向涂和两辊顺向涂三种。最后一种专供涂覆薄的清漆层使用，如图 3-50 所示。

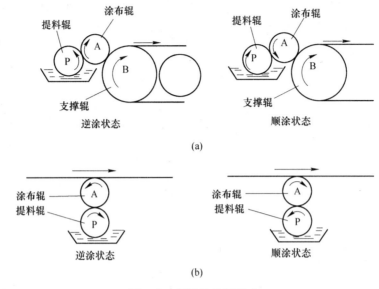

图 3-49　辊涂的几种形式

（a）正面涂敷；（b）背面涂敷

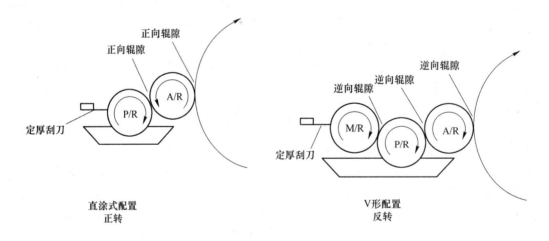

图 3-50　典型辊涂装置结构形式

　　涂层厚度的影响因素是：涂料黏度、有机溶剂加入量、涂敷胶辊的硬度、沾料辊与调节辊和涂敷辊之间的间隙、涂敷辊与钢带的间隙、涂敷辊对钢带的压力、支持辊与涂敷辊的速度比、沾料辊与涂敷辊的速度比等。

　　当涂料成分和黏度已确定后，影响涂层厚度的因素就少了，主要是涂敷方式，如正涂、逆涂、二辊式或三辊式以及辊子的速度比等影响涂层厚度。

　　涂敷时，涂层厚度的控制与测量，通过手动调节和手动测量或自动调节和自动测量来完成。

　　手工测量用湿膜测厚器测湿膜厚度，再根据经验由湿膜厚度换算出干膜厚度，调节辊缝以控制所需厚度。辊缝的调节是通过摇动手轮、转动螺杆带动锥齿轮或齿条移动辊子来完成。手工测量与控制带有很大经验性。

自动测量调节，在20世纪80年代尚处于试验性阶段，例如对膜厚测量，日本大洋制钢在线上使用红外线涂膜测厚仪，而玉岛厂和大洋制钢、住友金属等公司则试验通过测量辊子间的压力测量辊缝并进行调节。

涂敷时，涂布辊面粘附涂料自身张力作用产生聚缩条纹，条纹疏密程度与粘料辊和涂布辊接合间隙有关，间隙小，聚缩条纹细密，反之，则粗疏，影响到涂膜固化后的表观质量。

B 塑料膜覆膜（层压）工艺

将塑料等有机膜贴合（或称层压）到经过表面处理的基板上，称为塑料覆膜，如图3-51所示。这种工艺对单张板或卷带均可进行单面或双面层压覆膜。

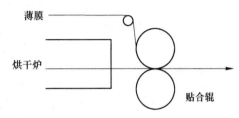

图 3-51 生产贴膜板示意图

塑料膜覆膜（或称贴膜）的产品，目前主要有三类，即乙烯基覆膜（如聚氯乙烯膜）、聚酯基覆膜（聚酯对酞酸盐PET、聚丁烯对酞酸盐PBT）、丙烯基树脂覆膜（如丙烯酸甲酯）。聚氯乙烯覆膜工艺：配料→搅拌均匀→辊涂黏结剂→层压成型与压光→压印花纹→冷却→卷取。

钢带贴膜之前的预处理段与涂层辊涂法预处理段相似。经前处理完毕并干燥之后进行塑料膜的层压。首先用辊涂机将钢带辊涂上黏结剂，黏结剂的涂敷量和均匀性极为重要，它直接影响到黏结强度。黏结剂品种和涂敷量与塑料薄膜有关。当层压氯乙烯薄膜时，黏结剂的涂敷量大约为 $30 \sim 100 mg/dm^2$，此外，加热参数也是影响黏结强度的重要因素，应该根据黏结剂的种类给予控制。

为提高黏结强度，还需要使黏结剂活化。有干燥后保持热活化和冷却后再活化两种不同类型的黏结剂，它们要求不同的黏结温度，达到活化温度时，钢带立即通过层压辊进行层压覆膜。在聚氯乙烯薄膜层压时，为使薄膜受压时不收缩并保持表面粗糙度，应该在尽可能低的温度下黏结，在这种情况下，黏结剂的活化温度范围一般在 $160 \sim 210℃$ 之间。

根据需要，层压膜还可以同时用刻花辊压出不同的花纹，此时保持层压辊的压力和钢带温度特别重要。倘若温度过高，将引起塑料膜褪色，通过层压辊后的钢带，应迅速冷却到塑料膜的软化点以下。层压聚氯乙烯时，为使固化以后的压花和表面粗糙度保持不变，需要喷水进行冷却。

在20世纪80年代初，国外已有生产有机涂层钢板的辊涂与薄膜层压两用机组问世。在这种机组上，利用面漆辊涂机进行黏结剂的涂敷，并采用压花机和层压机相结合，把塑料膜压到已活化的黏结剂上。

采用电子束固化的方法也已用于覆膜工艺，图3-52显示了热固化方法和电子束固化方法生产聚氯乙烯覆膜板的比较。

C 粉末涂敷工艺

粉末涂敷是一种新工艺，它与液体涂料涂敷相比有很多优点：不采用可燃性溶剂和热固性黏结剂，无爆炸隐患，无火灾危险，不污染大气，粉末利用率高（>90%）。粉末粒

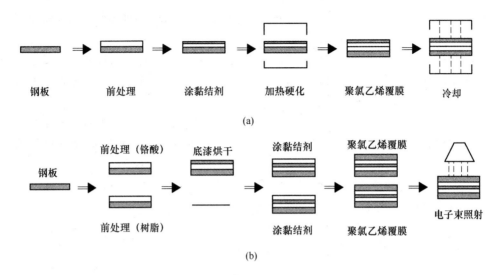

钢板　　前处理　　涂黏结剂　　加热硬化　　聚氯乙烯覆膜　　冷却

(a)

钢板　前处理（铬酸）　底漆烘干　涂黏结剂　聚氯乙烯覆膜　电子束照射

前处理（树脂）　涂黏结剂　聚氯乙烯覆膜

(b)

图 3-52　聚氯乙烯膜的两种工艺比较

(a) 热硬化法；(b) 电子束硬化法

度为 $30\sim40\mu m$ 的树脂颗粒，加热到熔融状态后硬化，形成纹理手感良好，涂敷时不必考虑溶剂的溶解性问题，可同时使用不同颜色、不同特性的树脂，得到彩色搭配、质感丰富的有机涂层钢板。涂敷产品的涂膜厚度、色彩、光泽均匀，耐划伤、抗腐蚀、抗粉化、抗褪色性好。缺点是粉末涂敷机组运行速度慢，一般在 $20m/min$ 以下，生产效率较低。

粉末涂敷实施有两种方法：一是粉末喷枪喷涂；二是粉末云涂敷。粉末有机涂层钢板涂层厚度为 $10\sim25\mu m$，其产品应用于建筑、轻工、家电、家具、计算机等领域。

D　钢板涂层的固化工艺

钢带经涂料涂敷之后，一般采用加热烘烤的方法使涂料经过聚合或交联反应而固化。涂料产生不流动、无黏性的干硬膜，颜色和光泽固定为最后的稳定状态，这是不可缺少的工序。

3.8.2.4　涂层的后处理工艺

为进一步提高产品的装饰性并有利于在运输、加工中对涂层表面的保护，防止刺伤和污染，经二次或更多次涂敷和烘烤的涂层钢带，根据用户要求，经最后一次冷却后需要进一步进行一种或数种后处理，包括覆层、印花、压花、涂蜡、平整等工艺。

A　印花工艺

印染式涂覆工艺是在精涂机上的带有凹版刻花辊将花纹传到涂布辊上以实现印花，如木纹花案。另一面涂机再在上面涂上亮漆或抗紫外线保护膜，木纹漆就是用上述方法涂敷的。

大多数涂层生产线每天需要更换多次涂料的颜色。为实现不停车、不降低产量、快速更换颜色，一般在生产线上面辊涂机涂层头位置，安装两个涂层头。近些年来，钢带背面涂料也要求可快速更换颜色，在最新的涂层机组的配置上，最好是安装两台面涂机，一上一下。当一台辊涂机涂覆钢带时，另一台准备下一个产品的颜色，两台辊涂机都带正面涂敷能力，但位置高的辊涂机可配一个或两个用于正面涂敷的涂层头。这种布置也可用于底涂机（即粗涂机）。

为将花纹印到涂层板的涂膜上，首先将花纹刻蚀到紫铜辊上，然后对铜辊镀铬，作为涂层印花用的花辊，花辊上的图案花纹是凹陷的，它从盛浆的料盘中沾取色浆，然后由刮刀将凹陷之外的色浆全部刮除，当花辊与转印胶辊接触时，凹陷花纹内的色浆转移到胶辊上，最后又转移到钢带上表面，再经适当加热烘干，钢带涂膜上就很好地附着上了好看的花纹。图 3-53 显示出了印花工艺。

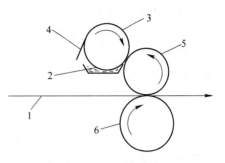

图 3-53　印花工艺

1—钢带；2—色浆槽；3—花辊；4—刮刀；
5—转印胶辊；6—支持辊

在实际生产中，许多涂层产品的印花工艺都是在单独的专用机组上完成，这种印花机组较为简单，只有一个开卷机，一个印花机，一座加热炉，一个卷取即可。倘若需要进行套印花，则需另添一架套印花机，这种机组的工作效率很高。

B　压花工艺

压花与印花一样，都能提高涂层钢板的装饰，进一步增加其真实感。

压花工艺一般有两种：只对钢板涂膜压花和钢板基板压花。

（1）对钢板涂膜压花。主要用于聚氯乙烯（PVC）增塑溶胶涂膜。

压花时，要求涂膜厚度大于 $100\mu m$，采用聚氯乙烯增塑溶胶生产涂层钢板时，一般要求膜厚 $100\sim250\mu m$。

压花工艺在涂膜加热塑化后进行。当钢带离开烘烤炉后，温度下降到聚氯乙烯塑化温度之下 15℃ 左右时，钢制印花辊在涂膜上压出花纹，然后立即冷却，否则花纹由于处于热状态下会很快消失。

（2）对钢板基板压花。此工艺是先给钢板基板压花，然后再使压花后的基板涂层并印花。

图 3-54 为某厂生产一种具有天然花岗岩或水泥砂浆一类表面花纹的涂层板的压花机组图。

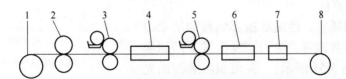

图 3-54　某厂压花机组

1—开卷；2—压花；3—印底色；4，6—烘干；5—印花；7—冷却；8—卷取

C　覆膜工艺

为保护钢板涂层在运输与加工过程中不被刺伤和污染，在钢板表面覆以可剥性薄膜，方法是用黏合剂将薄膜粘在涂层钢板的表面，薄膜厚度一般不小于 $50\mu m$，通常以 $80\mu m$ 为好。

保护膜应有足够的强度、化学稳定性，不受黏合剂的影响，在成卷后不影响涂层表面的质量，价格还要便宜，易于剥离，并在剥离后易于销毁。

常用的保护薄膜大都是聚乙烯膜，膜的宽度要大于钢带宽度，这样在成卷存放或运输时有利于对边部的保护，而且加工使用时容易剥离。

可剥性薄膜在 70℃ 以下和紫外线照射下仍可保持一年，其附着力不变且易剥下。在阳光长时间照射下由于黏合剂老化附着力将下降。

采用黏合剂覆层可剥性保护膜的方法不适用于聚氯乙烯涂层，因为有机黏合剂容易对聚氯乙烯膜产生粘连和污染。为确保一些特殊用途聚氯乙烯涂层板所需的覆膜保护，可采用毛刷辊磨刷涂层表面使之产生静电，而后将膜压附在涂层表面，在使用时，即可将此膜撕下。其中无需用黏合剂粘结，这可避免前述粘连与污染问题。

D　涂蜡

有机涂层钢板在进行压型加工时，尤其在形状较复杂时，断面各部分线速度和变形量是不同的，钢板表面覆膜可能会引起皱褶甚至破坏，一般说来，涂层覆膜成本也较高，作为替代办法就是采用在钢板涂层表面涂蜡的处理工艺。

涂层钢板表面涂蜡既可以在运输和加工中起到适当的防损伤的保护作用，又可在压力加工过程中起到润滑作用。涂层板涂蜡成本较低，一般涂蜡量仅为 $50\sim80mg/m^2$。

涂蜡方式通常有两种，即喷涂式和辊涂式。

喷涂式利用喷枪进行涂蜡，设备投资费用低，涂蜡层薄。但缺点是：要求密封，以防止蜡雾的飞散，危害工人健康，同时蜡雾遇冷凝聚在机罩结瘤，影响操作。

辊涂式利用辊涂机进行涂蜡，设备投资费用较高，要有辊涂和吹干设备，而且蜡层厚，耗蜡量约为喷涂层的 1 倍。倘若使用水溶石蜡乳液，环境洁净无污染，而且无需石蜡的加热系统和封闭工作间。

E　平整与矫直

有机涂层钢板用基板，包括镀锌钢板和冷轧钢板一般都是经过平整的，但在涂层板生产过程中也可能出现涂层钢带变形，所以涂层钢板在生产线上卷取之前，都需有平整矫直工序。

除单张涂层钢板生产机组外，连续有机涂层生产线上往往同时都装备有平整机和张力矫直机，至少要设张力矫直机。

通过平整和矫直，使最后涂层钢板的质量得以保证，性能还将改善，应力应变曲线上的屈服平台消失（如图 3-55 所示），并使钢板表面的光亮度增加。

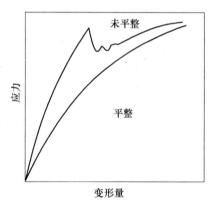

图 3-55　钢板平整前后的塑性

任务 3.9　冷轧带钢缺陷及处理方法

3.9.1　压入氧化铁皮

3.9.1.1　缺陷特征

在热轧中被压入带钢表面的氧化铁皮引起，轻微的压入氧化铁皮可在酸洗工序去除，但留下的印迹在冷轧过程中也不能完全消除，这种缺陷的外观可为麻点、线痕或大面积的压痕，如图 3-56 所示。

3.9.1.2　产生原因

（1）热轧带钢表面存在压入氧化铁皮缺陷。
（2）酸洗工艺不合理，酸液温度、浓度偏低或酸洗速度过快。

3.9.1.3　预防及消除方法

（1）加强热轧带钢质量验收，不使用存在压入氧化铁皮缺陷的原料。
（2）加强酸洗工艺控制，按规程要求控制好酸液温度、浓度和酸洗速度。

3.9.2　辊印

3.9.2.1　缺陷特征

钢板表面呈等间距周期分布、外观形状不规则的凸凹缺陷。严重的辊印导致钢板轧穿，如图 3-57 所示。

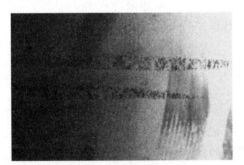
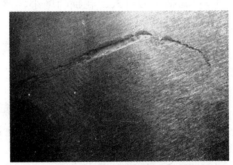

图 3-56　压入铁皮缺陷　　　　　　　　　图 3-57　辊印缺陷

3.9.2.2　产生原因

辊子局部掉肉或辊子表面粘有异物，使局部辊面呈凹、凸状，轧钢或精整加工时，压入钢板表面形成凸凹缺陷。

3.9.2.3　预防及消除方法

（1）定期检查轧辊表面质量，发现辊子掉肉或粘有异物时及时处理。
（2）轧制过程中出现卡钢、轧烂等异常情况时，及时检查辊子表面质量，防止轧辊损伤或异物黏附。

3.9.3　浪形

3.9.3.1　缺陷特征

钢板沿轧制方向呈高低起伏弯曲，形如波浪似的缺陷称作浪形（如图 3-58 所示）。浪形多在带钢的头部及尾部，严重时分布在带钢全长，像海带状。按宽度分类，浪形可出现在带钢的边部或中部，出现在带钢中间的称为中间浪，出现在带钢两边的称为边浪，出现在一侧的称为单边浪，出现在边、中之间的称为二肋浪。

图 3-58　浪形缺陷

3.9.3.2　产生原因

（1）热轧原料板形不良或厚度不均。
（2）轧制压力过小，轧辊凸度大，弯辊调整不当，中间变形大，产生中间浪。
（3）轧制压力过大，轧辊凸度小，弯辊调整不当，产生双边浪。
（4）中间辊、工作辊水平未调整好，产生单边浪。
（5）轧制计划安排不合理，轧辊过度磨损。

3.9.3.3　预防及消除方法

（1）控制好原料板形，消除原料厚薄不均。
（2）提高轧制压力，减少轧辊凸度，减少正弯辊，控制中间浪。
（3）降低轧制压力或增加前后张力，增大轧辊凸度，增大正弯辊，控制双边浪。
（4）调整好轧辊水平度。
（5）合理安排轧制计划，定期换辊，防止轧辊过度磨损。

3.9.4　黏结

3.9.4.1　缺陷特征

退火钢卷层间互相粘合在一起称黏结，黏合的形式有点状、线状和大块面粘合，黏结严重时，手摸有凹凸感，严重黏结开卷时被撕裂或出现孔洞，甚至无法开卷，成为"死卷"，如图 3-59 所示。

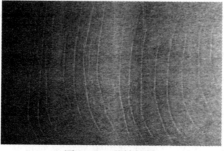

图 3-59　黏结缺陷

3.9.4.2　产生原因

（1）轧制时卷取张力过大，在层间压力较大部位产生黏结。
（2）带钢表面的粗糙度太小。
（3）带钢板形不良，存在边浪和中间浪，以及存在塔形、溢出边、堆垛时受压等造成局部压紧黏结。
（4）退火升温速度过快、温度过高，时间太长。

3.9.4.3　预防及消除方法

（1）合理控制卷取张力。
（2）提高末架工作辊的粗糙度。
（3）控制好板形和卷形，减少焊缝区超厚，防止撞击、压伤，堆垛时将塔形卷、溢出边卷放在最上部。
（4）遵守退火技术操作规程，控制好退火温度和时间。

3.9.5　氧化色

3.9.5.1　缺陷特征

带钢表面被氧化，其颜色由边部的深蓝色逐步到浅蓝色、淡黄色，统称氧化色，如图 3-60 所示。

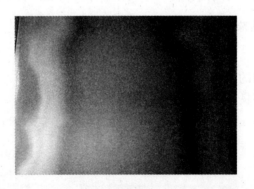

图 3-60　氧化色缺陷

3.9.5.2　产生原因

（1）保护罩吊罩过早，高温出炉，钢卷边缘表面氧化。
（2）加热前预吹扫时间不足，炉内存在残氧。

3.9.5.3　预防及消除方法

（1）严禁退火钢卷高温出炉。
（2）装炉盖罩后，应进行密封性检查并保证预吹扫时间，确保保护气体成分。

3.9.6 锈蚀

3.9.6.1 缺陷特征

钢板表面局部呈不规则的点状、块状、条片状的锈斑，轻微者颜色浅黄；较重者颜色为黄褐色或红色；严重者为黑色，表面粗糙，如图3-61所示。

图3-61 锈蚀缺陷

3.9.6.2 产生原因

（1）钢卷在中间库存储时间过长，特别在温差大、空气潮湿的环境中。
（2）钢板涂油不均，防锈油水分过多。
（3）包装不良，钢板与周围介质（空气、水等）接触，发生化学反应。

3.9.6.3 预防及消除方法

（1）合理组织生产，防止钢卷在中间库停留时间过长。
（2）防锈油应均匀的涂在钢板上。
（3）确保产品包装良好，防止钢板运输、储存过程中进水。

3.9.7 锌粒（锌疤）

3.9.7.1 缺陷特征

表面呈点状、条状或块状凸起，大小不等，颗粒像芝麻、米粒状，表面粗糙不平。颗粒状的称锌粒，块状的称锌疤，如图3-62所示。

图3-62 锌粒缺陷

3.9.7.2　产生原因

（1）原板表面清洁度差、清洗效果不好。
（2）锌锅底部底渣过多。
（3）锌液温度过高，底渣浮起。
（4）锌液不纯净，铁含量偏高。
（5）锌液中含铝量过高，使铁在锌液中溶解度降低，产生较多浮渣。
（6）带钢在锌锅中运行不平稳，抖动大。

3.9.7.3　预防及消除方法

（1）改善原板表面清洁度、保证清洗效果。
（2）清除锌锅中过多的底渣。
（3）保证锌液温度的稳定。
（4）降低锌锭中铁含量。
（5）降低锌液中含铝量。
（6）保持带钢运行平稳。

3.9.8　白锈

3.9.8.1　缺陷特征

在镀锌钢板表面呈现白色氧化粉末和沉淀物，它主要由氧化锌（ZnO）和氢氧化锌 $Zn(OH)_2$ 组成，多发生在较长时间储存期的钢板中，如图 3-63 所示。

图 3-63　白锈缺陷

3.9.8.2　产生原因

（1）镀锌板（卷）在运输和储存中遭雨水浸蚀或受潮。
（2）储存仓库的温度小于露点温度，出现冷凝水，腐蚀锌板。
（3）镀锌板（卷）和酸、碱、盐等腐蚀性介质接触或存放在一起。
（4）镀锌板涂油、钝化质量不好或钝化后未烘干。

3.9.8.3　预防及消除方法

（1）提高镀锌产品包装质量，如运输中加盖雨布，提高防水防潮能力。

（2）确保储存仓库通风良好，并配备取暖设备及露点测量仪器。

（3）严禁镀锌产品与酸、碱、盐等腐蚀性介质同库存放。

（4）提高镀锌产品表面涂油及钝化质量。

复习思考题

3-1　冷轧带钢一般的生产工艺流程是什么？

3-2　冷轧带钢的工艺特点？

3-3　冷轧板带工艺制度如何制定？

3-4　热镀锌板的生产工艺流程？

3-5　冷轧带钢容易出现哪些缺陷？如何处理？

3-6　彩涂板的工艺流程？

3-7　HC 轧机的特点？

3-8　CVC 轧机的特点？

3-9　PC 轧机的特点？

3-10　VC 轧机的特点？

参 考 文 献

[1] 阮煦寰，王连忠. 板带钢轧制生产工艺学. 北京科技大学压力加工系，1995（内部资料）.

[2] 康永林. 轧制工程学 [M]. 北京：冶金工业出版社，2004.

[3] 中国金属学会热轧板带学术委员会. 中国热轧宽带钢轧机及生产技术 [M]. 北京：冶金工业出版社. 2002.

[4] 刘光明，于斐，胡玑灯，等. 镀锌钢板无铬钝化研究和应用 [J]. 国外金属加工，2005（4）.

[5] 袁康. 轧钢车间设计基础. 北京钢铁学院压力加工系. 1985（内部资料）.

[6] 杨节. 轧制过程数学模型 [M]. 北京：冶金工业出版社，1983.

[7] 赵家骏，魏立群. 冷轧带钢生产问答（2）[M]. 北京：冶金工业出版社，2004.

[8] 王廷溥，齐克敏，等. 金属塑性加工学——轧制理论与工艺（2）[M]. 北京：冶金工业出版社，2001.

[9] 宣梅灿，徐耀寰，韩静涛，等. 宝钢宽带钢冷轧生产工艺 [M]. 黑龙江：黑龙江科学技术出版社，1998.

[10] 傅作宝. 冷轧薄钢板生产（2）[M]. 北京：冶金工业出版社，2006.

[11] 黄幼知，徐东. 冷轧带钢酸洗—轧机机组联机改造的工艺技术 [J]. 钢铁技术，2001（2）.

[12] 陈龙官，黄伟. 冷轧薄钢板酸洗工艺与设备 [M]. 北京：冶金工业出版社，2005.

[13] 陈连生，朱红一，任吉堂. 热轧薄板生产技术 [M]. 北京：冶金工业出版社，2006.

[14] 朱立. 钢材热镀锌 [M]. 北京：化学工业出版社，2006.

[15] 李登超. 板带钢生产 [M]. 北京：兵器工业出版社. 2003.

[16] 李登超. 冷轧宽带钢生产. 四川机电职业技术学院，2006（内部资料）.

冶金工业出版社部分图书推荐

书　名	作　者	定价(元)
冶炼基础知识（高职高专教材）	王火清	40.00
连铸生产操作与控制（高职高专教材）	于万松	42.00
小棒材连轧生产实训（高职高专实验实训教材）	陈　涛	38.00
型钢轧制（高职高专教材）	陈　涛	25.00
高速线材生产实训（高职高专实验实训教材）	杨晓彩	33.00
炼钢生产操作与控制（高职高专教材）	李秀娟	30.00
地下采矿设计项目化教程（高职高专教材）	陈国山	45.00
矿山地质（第2版）（高职高专教材）	包丽娜	39.00
矿井通风与防尘（第2版）（高职高专教材）	陈国山	36.00
采矿学（高职高专教材）	陈国山	48.00
轧钢机械设备维护（高职高专教材）	袁建路	45.00
起重运输设备选用与维护（高职高专教材）	张树海	38.00
轧钢原料加热（高职高专教材）	戚翠芬	37.00
炼铁设备维护（高职高专教材）	时彦林	30.00
炼钢设备维护（高职高专教材）	时彦林	35.00
冶金技术认识实习指导（高职高专实验实训教材）	刘艳霞	25.00
中厚板生产实训（高职高专实验实训教材）	张景进	22.00
炉外精炼技术（高职高专教材）	张士宪	36.00
电弧炉炼钢生产（高职高专教材）	董中奇	40.00
金属材料及热处理（高职高专教材）	于　晗	33.00
有色金属塑性加工（高职高专教材）	白星良	46.00
炼铁原理与工艺（第2版）（高职高专教材）	王明海	49.00
塑性变形与轧制原理（高职高专教材）	袁志学	27.00
热连轧带钢生产实训（高职高专教材）	张景进	26.00
连铸工培训教程（培训教材）	时彦林	30.00
连铸工试题集（培训教材）	时彦林	22.00
转炉炼钢工培训教程（培训教材）	时彦林	30.00
转炉炼钢工试题集（培训教材）	时彦林	25.00
高炉炼铁工培训教程（培训教材）	时彦林	46.00
高炉炼铁工试题集（培训教材）	时彦林	28.00
锌的湿法冶金（高职高专教材）	胡小龙	24.00
现代转炉炼钢设备（高职高专教材）	季德静	39.00
工程材料及热处理（高职高专教材）	孙　刚	29.00